これが公害だ

《写真記録》

林えいだい

北九州市「青空がほしい」運動の軌跡

THIS IS PUBLIC NUISANCE　EIDAI HAYASHI

新評論

林えいだいの原点――復刻によせて

映画『抗い　記録作家・林えいだい』監督
西嶋真司

林えいだいさんの記録作家としての原点は公害にある。経済成長が何よりも優先された時代、気がつくと身の回りの自然は汚染され人々の生活は破壊されていた。「人はいつから命よりもカネ儲けが大事になったのか」。その答えを探すためにカメラを手に、この国の不条理を記録してきた。えいだいさんが生まれ育った福岡県香春町《かわらまち》は、炭坑節にも唄われた「石炭とセメントの町」である。大学を中退し、六年半勤務した香春町の教育委員会を辞めて「鉄の町」戸畑市（現北九州市戸畑区）の社会教育課に勤務したのは一九六二年、えいだいさんが二十九歳の時だった。転居早々、飼っていた二羽のカナリアが死んだ。近所にいた犬や猫の鳴き声が異常なことに気がついた。ほどなく幼い二人の娘に喘息の症状が現れた。「大変なところに引っ越した」と思ったそうだ。

当時の北九州工業地帯は「七色の煙」と形容され、工場からの降灰で洗濯物が外に干せない状況だった。ところが聞こえてくるのは「町の繁栄は企業のおかげ」という声。煙を吐き続ける工場を前に、誰も不満を口にすることはできなかった。戸畑市の職員だったえいだいさんの、公務員の枠に収まりきれない反骨魂に火がついた。

「公害のしわ寄せが真っ先に及ぶのは、家庭や育児をあずかる女性たち。かあちゃんは強い。生活がかかってるからね」。

地元の女性たちと始めた運動は、やがて「青空がほしい」という市民キャンペーンとなり、全国の公害克服運動へと繋がった。

「明治時代に起きた足尾鉱毒事件で、代議士を辞めて被害住民のために闘った田中正造の生き方を知って僕の人生が変わった。それを僕は学びたかった」。

権力や大資本の前に沈黙を強いられた人々の声を聞くために市役所を辞め、記録作家に転身した。三十七歳の時だった。

公害は人間の生命や尊厳を軽視し、経済発展を優先する国家と企業のもたれあいによって生まれる。今の日本で、その体質がなくなったと言えるだろうか。東日本大震災による福島第一原発事故を経験した現在、社会のための技術が利益追求の道具となり、人の命や健康を犠牲にするような使われ方は許されないことを私たちは身をもって学んだ。

「人間の英知は科学を創造し、発展させた。しかし、それで人間はしあわせになったであろうか。」

えいだいさんは『これが公害だ』の中で、こう指摘している。この言葉には今を生きる人々への厳しい問いかけが込められている。

林えいだい

《写真記録》

これが公害だ

北九州市「青空がほしい」運動の軌跡

THIS IS
PUBLIC
NUISANCE
WHAT IS THE
PROPERTY
WE MUST LEAVE
TO OUR CHILDREN ?
EIDAI HAYASHI

《写真記録》これが公害だ／目次

＊本編寄稿者の肩書きはすべて旧版公刊時のものです。また、文中の〔　〕内は編集部による補注です。

刊行にあたり

北九州青年会議所理事長　**亀井昇一郎**

日本一公害の多い場所……北九州にこのような地域があるのです。イヤ全国至る所空はスモッグにおおわれ、川はどす黒く異臭をはなち私達の住んでいる周辺はゴミだめになりつつあります。工場のはき出す排気ガスや廃液、町には自動車のはき出す排気ガス、たべものには砒素、または有害色素、いったい私達は、何処に住み何処を歩き何を食べれば安全なのでしょうか。生活環境をおびやかす公害について国も県も市もそして市民一人一人が真剣に考えねばなりません。

公害が一般的に問題になったのは十年前〔一九五〇年代末以降〕のことであります。それまで北九州は煙の都、七色の煙とか表現され、町の繁栄のバロメーターとして誇らしげにその言葉が表現されてきたのですが、それだけに工場は当然の権利のように排出物をその周辺にまきちらし、住民としても企業との関係で町の発展のためとか諦めの感が強かったのではないだろうか。

最近問題となっている水俣病について考えてみても、患者の発生から十五年、その公害の恐ろしさがつづいており、政府もようやくその対策に強化態勢をとりはじめましたが、時期すでに遅しの感がしてなりません。

毎日の新聞を読むたびに公害の恐ろしさを痛感し、会社の非人道的行為に憤りを感じる一人です。このような恐ろしい公害問題についてただ一人黙々と取り組まれ、警鐘乱打されてこられた林氏には深く頭が下がります。このたび、「これが公害だ」とのテーマで写真集が出版される運びとなりましたことは、非常に意義深いことと思います。

今年〔一九六八年〕、北九州青年会議所として「地域社会開発」のプロジェクトのもとに、川をきれいにする運動を展開しましたところ、非常な反響を呼び、その成果が着々と実りつつありますが、その源泉たる公害問題について私達青年会議所も本腰を入れて取り組みたく思っております。あらゆる角度から写真をとられた林氏の努力と忍耐に敬服いたしますとともに、市民一人一人が林氏のごとき情熱を示せば、必ず明るい住みよい町づくりができるものと信じ、一日でも早くその日の来ることを祈ってやみません。

ここに人あり

日本青年会議所交通公害対策委員　佐久間清勝

まず林君の積年の努力に拍手を送ろう。

林君とは、さしたるおつきあいもないが、彼が無心に取り組んできた、公害の実態ともいうべき写真を見た時、私は「ああここにも人がいる」と半ば感嘆の声を上げた。そして一種の興奮に似たものがおさまった時、「林君、大変だったね」と素直に彼の労をねぎらいたい気持ちになった。

もともと「公害」とは昭和四一年（一九六六年）十月に政府がもうけた公害審議会で「一般に公害と呼ばれている現象がどのような範囲内容のものであるかについては、必ずしも定説というべきものがない。その内容としては公害は人間の活動の結果として生み出される、一般公衆や地域社会に有害な影響を及ぼす現象であり、人間の心身や生活環境に対する影響のほか、動植物や物的資産に及ぼす影響を含むものであって、因果関係の立証や受忍限度の判定に困難が伴うことなどが特徴であるといえよう」といった具合に、実に妥協的な定義をつけている。私はこの定義をここで云々する気持ちは毛頭ない。しかしすでに慢性化した公害のわれわれの生活に対する侵略にただ手を拱いていていいものだろうかと日夜心を砕いていた。その私の無気力さに一大鉄槌を打ち下したのが林君の写真集だ。千万言の言葉よりも、この林君の写真の一枚一枚が私達に公害のすさまじさを教えてくれた。

私達一人一人が、林君のようにするどい目を持ち純粋な気持ちで公害を憎み、私達のこの街を明るいものにしなくてはならない。林君、ほんとうに御苦労でした。でも本当の公害との戦いはこれからです。今後のご活躍を心からお祈りします。

CLEAN AIR COSTS MONEY, DIRTY AIR COSTS MORE

WHO大気汚染専門委員　山口大学教授

野瀬善勝

CLEAN AIR COSTS MONEY
DIRTY AIR COSTS MORE
大気をきれいにするにはカネがかかる
にごった大気は、さらに多くの金を喰う

利潤の追求を第一義とした企業は、大気汚染防止のための除害装置に莫大な経費がかかることを理由に対策を見送りがちである。

経済的理由を口にしながら、大気汚染のために市民が蒙っている遙かに大きな経済的損失が忘れられている。

公害は企業を営む者の権利の乱用によって、市民の生活が妨害された姿である。

林えいだい氏のカメラがこのことを雄弁に物語っている。

市街地の木造建築物はいうに及ばず、鉄筋コンクリート白壁の小倉城も、鉄骨の若戸大橋も、煤煙のために、よごれや腐食が甚だしい。

市街地では、街路樹も庭木も育たず、近郊では、農作物特に果樹や草花が栽培されず、晩秋ともなれば、周辺の山々が裾野から紅葉し始めるのも、煤煙のためである。

商店街では、商品の損耗が目立ち小売価格が高まって、売る者も買う者も生活し難くなる。衣料品にしても家具調度品にしても、電気製品にしても、食料品にしても程度の差こそあれ、同じことが指摘される。

黒い服をまとえば、白くなり、白い服をまとえば、黒くなる。たくさんの洗濯物と朝から晩まで雑巾持って畳や板張りをふき廻らなければならない主婦にとっては、経済的にも、時間的にも、労力的にも、過重負担となる。

戸畑婦人会の調査によると、大気汚染の甚だしい地区ほど過重負担の訴え頻度が高く、また、大気のきれいな街に引っ越したいという訴え頻度も高まっている。このことは、大気汚染があらゆる分野で市民の生活を妨害していることを物語っている。

ノドが痛い。頭が痛い。風邪を引いたといって、学校を休むこどもたちの病欠率と大気汚染との間にも密接不可分の関係があることがわかった。

自分たちの調査でこのことを確かめた母親たちは、自分たちのこどものために、住みよい明るい街をつくらなければならないと、一致団結して立ちあがった。

北九州市は、経済成長のかげで、人間のもっていた貴重な資産を喪った。それは、光と緑と静けさであり、心の潤いと安らぎと思索である。カネに替えられない命までも奪った。だが、市民一般には、さほど熱意もなく、公害対策が着々と効果をあげているとは、お世辞にもいえない。黒煙たなびき、騒音とどろくことを繁栄の象徴とし、波濤を焦がす焔も、天にみなぎる煙も、それは製鉄所の躍進であり、市民の歓喜であった。その昔ならばいざ知らず、今日もなお、公害対策の気運が高まらないのは、なぜか。

「工業都市には煙はつきもの」。「いくら文句をいってもどうにもならない」。「企業によって食べさせてもらっている」というあきらめと、長いものにはまかれろ式の無気力と、「企業あっての市民生活だ」という思いあがった企業意識があるからだ。

大企業と中小企業の格差が大きいだけに、大企業の労働者は、有利な労働条件に安住せんがために、公害問題では企業側に立ち、大企業と取引関係のある中小企業にとって、大企業は大切なお得意であり、地方自治体にとって、大企業は主な財源であるだけに、強い態度がとれない。かくして、企業は社会的責任を感ぜず、行政当局は国家的責任を感ぜず、独占企業が横暴となり、行政当局は怠慢となって、公害対策が進展しないのだ。

十数年前には、煤塵の街としてホコリ高かった宇部市が、緑と花の街に生まれ変わって、健康と人間性を復活したのは、宇部方式と呼ばれる地域ぐるみの自主的な規制にあった。その契機となったのは、学者によって徹底的な科学的実態調査がなされ、それが全市民の前に公開されて、大気汚染の実態に関して、問題の所在と対策の進め方がはっきりと示されて世論が喚起されたことにある。

惨めなまでに生々しいこの公害写真集が、北九州市の大気汚染の実態に対する問題認識を深め、全市あげての公害防止活動展開の契機となることを期待してやまない。

待ちに待った公害写真集

成蹊大学教授　佐藤　竺

待ちに待った林さんの公害写真集が、ようやくひのめをみることになった。ところが、光栄にも、私に序文を寄せて欲しいとのことである。本来ならば、このような大任は、当然お断りすべきであろう。私ごときものに、他人の著書の序文など厚かましすぎる。それに、林さんと知りあってからまだそう日がたっていないということもある。

にもかかわらず、敢えて私は筆をとった。林さんとは、昨秋たった一度だけゆっくり話し合う機会をもったにすぎないが、もう長年の知己のような親近感を覚える。いなむしろ、ぞっこんほれこんだといってよい。その彼が、幾多の障害をのりこえて本書の出版にこぎつけたのである。心から祝福したいし、またそのかくれた苦労をぜひとも紹介しておかねばならないと感じている。

林さんは、文字どおりの熱血漢である。鉄のまち北九州市戸畑区の社会教育担当者として、この何年かをひたすら青空をとりもどすための活動に打ちこんできた。本書は、その毎日の活動のなかからうみだされた貴重な所産である。読者は、この記録のなかから、彼のなにものをも恐れぬ烈々たる気迫と、生命をもむしばむ社会的害悪への激しい憤りとを汲みとることができよう。

林さんは、極めて有能なオルガナイザーである。彼がその強力な支えとなっている戸畑区婦人会協議会六千五百名の素晴らしい公害への取り組みは、読売新聞社の昨年度〔一九六七年度〕の「美しい町づくり賞」を獲得して以来、また一段と有名になった。そこには、学習と調査と防止と啓蒙の四つの活動が見事に統一されて、年々着実に成果を挙げてきている。本書は、彼のこのような社会活動の一環をなすものであることに留意して欲しい。

林さんは、猛烈な勉強家でもある。話し合えば、誰でもその鋭い問題意識と豊かな学識とに驚くだろう。彼の正義感は、完全に理論で武装されているのである。炯眼な読者は、それを彼のカメラ・アイをとおして見抜かれることであろう。

林さんは、また意思の強い人である。本書の刊行にあたって、個人的に大きな犠牲を払ったようだ。自費出版に要する五十万円の金を揃えるために、いわばその分身ともいうべき愛用のカメラまでついに手離さなければならなかった。彼は、もちろん、プロの写真家でもなければ、アマのマニアでもない。したがって、単なる趣味や道楽で自費出版に踏みきるはずがない。私たちは、彼がそれほどまでして訴えようとしているものを大切にしてあげたいと思う。

ただ、このようにバイタリティの塊のような林さんにも、人情味あふれた反面があることをいってておかなければならない。好物だといえば、貴重な休日をつぶして、面倒な天然の山芋掘りに汗を流し、はるばると私どもに送りとどけてくれた。しかも、その荷のなかには、かわいいお嬢さんたちの拾い集めた椎の実が、都会育ちの私の子どもたちにあてて同封されていたのであった。

とまれ、戸畑の婦人たちは、今年度も公害への取り組みを続けることになったという。だが、これからの公害防止運動は、どこでも一層困難の度を増そう。つい先日の厚生省の生活環境審議会でさえ、企業側の反対で汚染の許容度を現在の戸畑なみにとどめるのが精一杯だったようだ。その戸畑の恐るべき状況はご覧のとおりなのである。どこかが狂っている。その狂いをなおすための長い苦しい闘いに、本書がひとつの踏み台を準備してくれることだけはたしかであろう。

林えいだい氏と公害

戸畑区婦人会協議会会長　**毛利昭子**

「彼と公害」という題で何か書いてくれ、といわれて、私はためらった。私が彼の著書に、書いてよいのだろうか——と。けれども、私は、戸畑の公害を長い目で見て、その公害に煩わされ、二十年ばかり前に、地域に世論を呼び起こし、その後、婦人団体の調査活動の糸口を作り、それでいて、その活動を傍で見ていた。私は今、これに努力した人たちの事どもを讃える役割があるのではないかと思われてきたのである。

彼と私の出会いは、たしか戸畑の婦人会の十回目くらいの新生活展の飾り付けの日であった。三六《さんろく》〔戸畑区内の地区名〕の婦人会の研究テーマの、公害の展示の前に立ち止まった私は、つい「誰のアイデア?」と尋ねてしまった。黒いケント紙のくりぬきの中に、くっきりと——青空がほしい……——と訴えた心にくいまでの演出効果に。それでも口の悪い私は、「北九州にほんとうの空がない、とは、智恵子抄ばりネ」とにくまれ口をつけ足したけれど。そして、その周到で、めんみつな調査に、戸畑の婦人会の公害問題の研究に、初めて方向づけをしてくれた人を見出した喜びはかくせなかった。聞けばその調査のために、幾夜も徹夜して、彼は鼻血で、謄写原紙〔いわゆるガリ版刷りの版〕を汚してしまい、あわててそれを拭って印刷したともいう。その三六の婦人会の研究を発展させ、戸畑の婦人会協議会でとり上げたのが、翌昭和四〇年〔一九六五年〕であった。

その年の新生活展の後に、『青空がほしい』〔研究結果をまとめた冊子〕の第一号がうまれた。戸畑の公害に関する工場史をたのまれて、私は私の小学生の頃の海で泳げた戸畑を書いた。昭和の初期、産業構造の変化によって、白砂の飛幡《とびはた》の浜辺は、その根上りの松とともに、せっかく海に面しつつも、一メートルの海岸線さえも残さず、戸畑の子どもたちの前から姿を消してしまった〔新日鐵の工業用地埋め立てによる〕。大正の頃、中原の浜で若山牧水を迎えての短歌会など、今では想像だにできない思い出となっている。そして、きれいな空気と、緑の木々も。――それでは、せめて小学校にプールをという声は、昭和十二年〔一九三七年〕頃の戸畑の教育界の切実な願いであった。そして昭和二五、六年からの日本発送電ＫＫの降灰に悩まされ、立ち上がった婦人たちの素朴な訴えを、彼はともかくもルートにのせてくれた。

社会教育という立場にいて、人間関係を一番大切にするその場が、むしろ、その人間関係の一番むつかしい場であるかに見える。その社会教育の中で、田川郡の採銅所の幾百年も続いたお宮の、樹々の中から出てきた彼の素朴さと、純真さと、誠実さが、はげしくゆれ動く現代に底流して、しっかりと公害を見極めようとしてきたのだと私は信じる。

工場の煙ととりくむために、夜どおし丘の上に立っていたり、カメラを片手に北九州市を西から東と歩きつづけて、時計を落としたことも気づかなかったり、新しいカメラを幾台も買いこんで、奥さんを困らせたというエピソードもある。

そして一つのくぎりが来たので、写真集を出したいという。私は彼に再三老婆心を伝えた。「一人よがりにならないように」。全くのおせっかいだと思う。けれども彼は、素直に聞いたふりをしてくれた。——「そればっかり考えちょる」と。

朝六時に家を出て、九時の登庁時間までを、四カ月も五カ月もねばりにねばって、やっと洞海《どうかい》湾《わん》で、汽笛を鳴らしつづけながら航行する外国船と、その上に浮かぶ若戸大橋を、スモッグの中に撮りえて狂喜したり、アメリカのライフ誌に公害の写真を送ろうとして、お母さんから「日本の恥を外国に晒さないで」と止められたり、幾多の逸話をこめて、今、彼の作品は世に出ようとしている。

早稲田大学で育てられた、彼、野人のこころは公害という社会悪を見逃してはおれず、自身その渦の中に、まきこまれている。その彼の勇気と努力とに、何のためらいもなく、素朴な心で拍手を送ってやまない。

人間の英知は科学を創造し、発展させた。
しかし、それで人間はしあわせになったであろうか。
否！
逆に、公害という副産物を生産して
人間自身を苦しめている。
人間疎外の北九州。公害砂漠の北九州。
これが、子どもたちに誇れる遺産なのか！
子どもに残す遺産とはいったい何か？

人間疎外の町

歩行者エレベーター入口

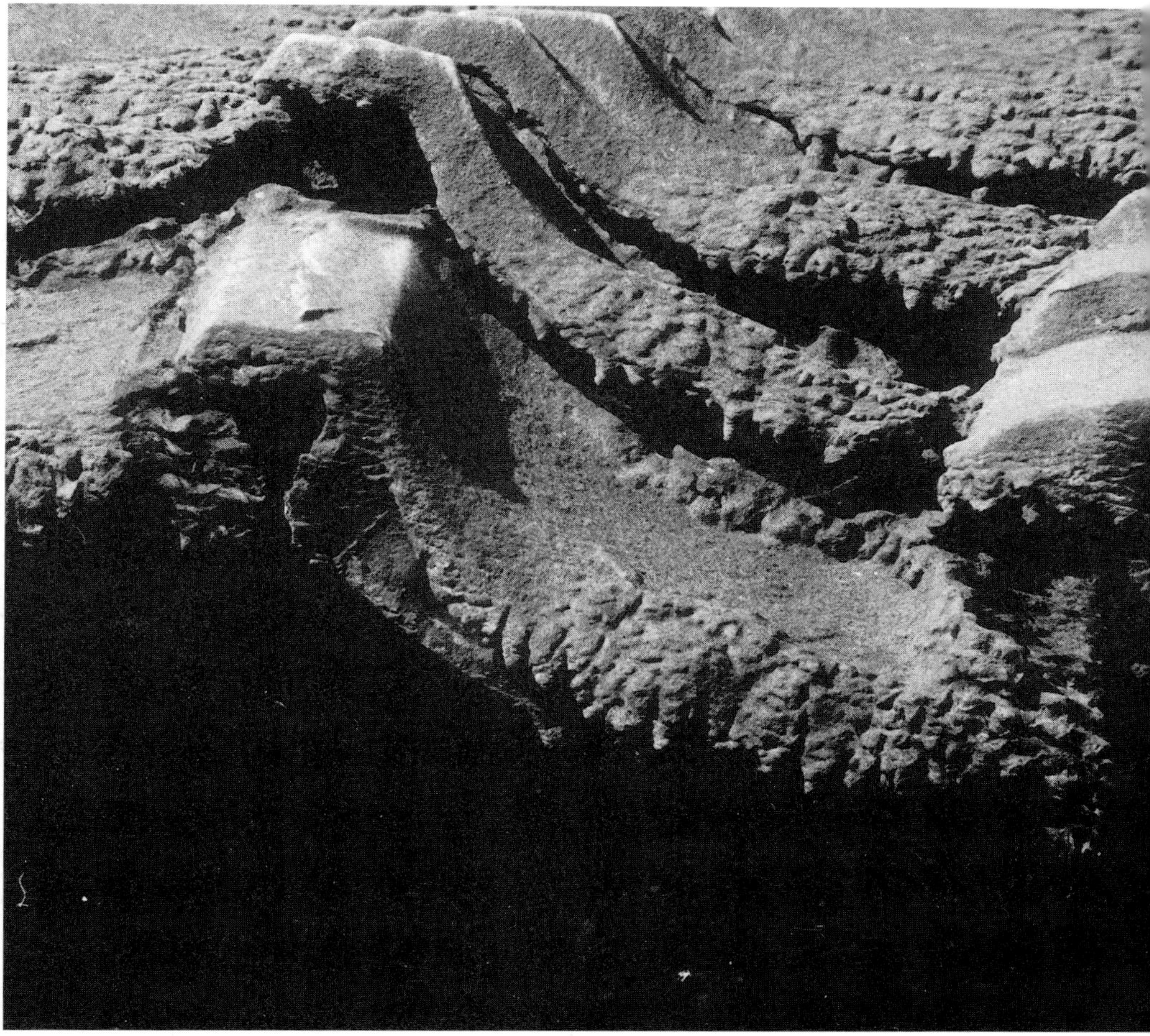

人呼んで鬼ガワラという。悲しき現代のポンペイ

雨漏りはいつものこと，
ビニールで応急処置を
している

煤塵の重みで屋根も落ちる

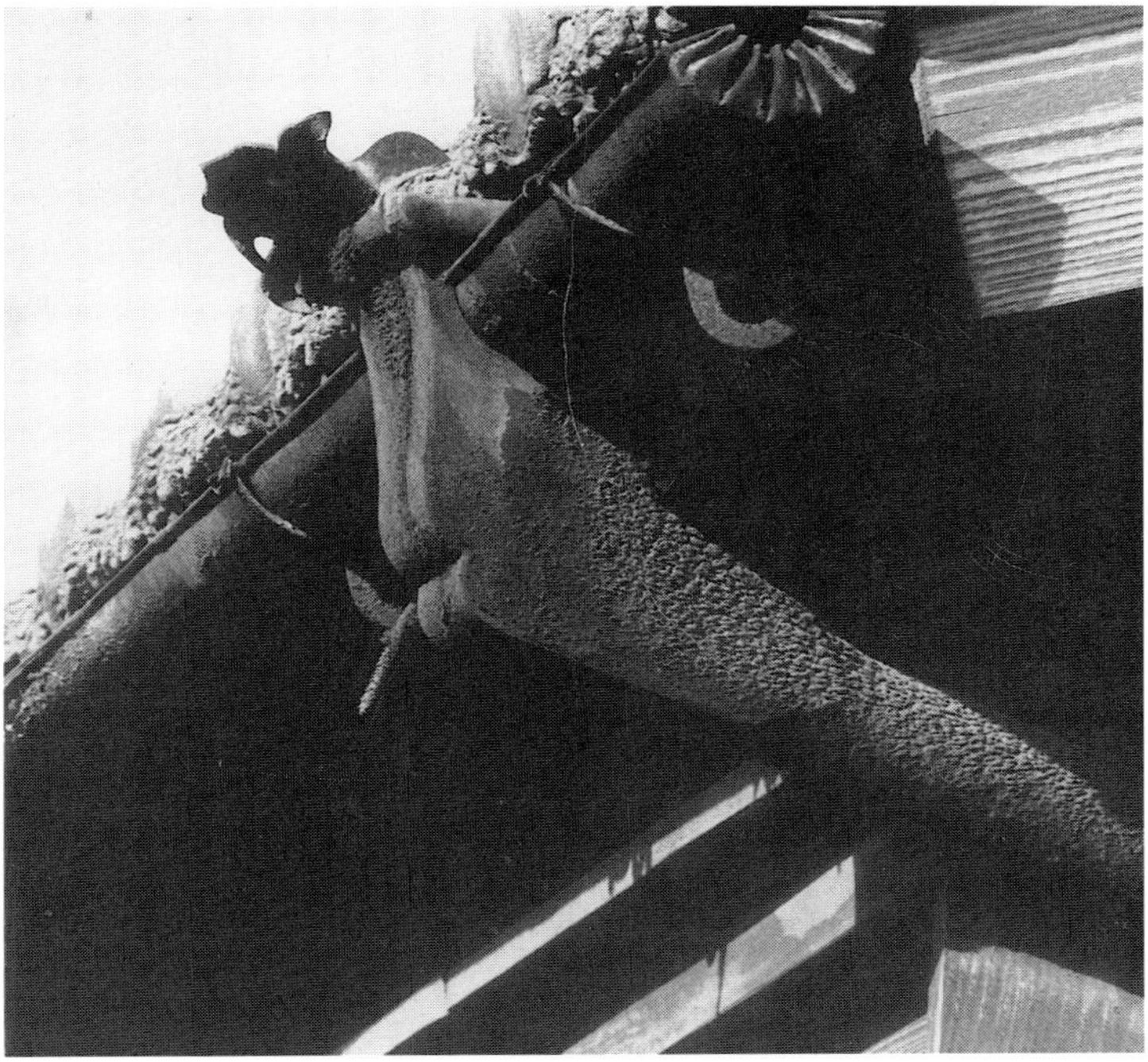

雨樋は1年しかもたない。すぐ煤塵が詰まってしまうからだ

修繕や取りかえだけでも莫大な費用がかかる

うす汚れた小倉城

工場の煙突も煤塵におおわれる

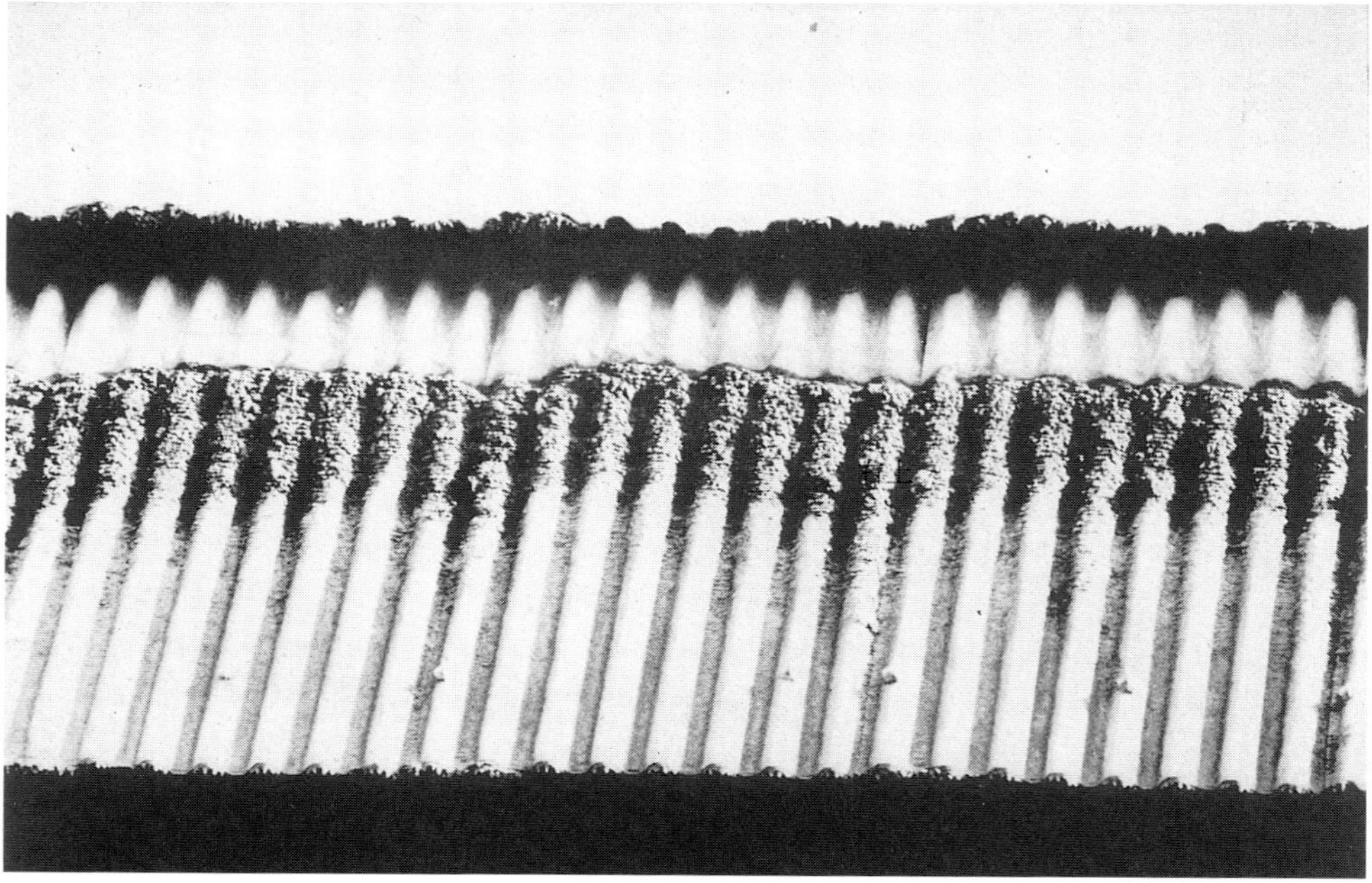

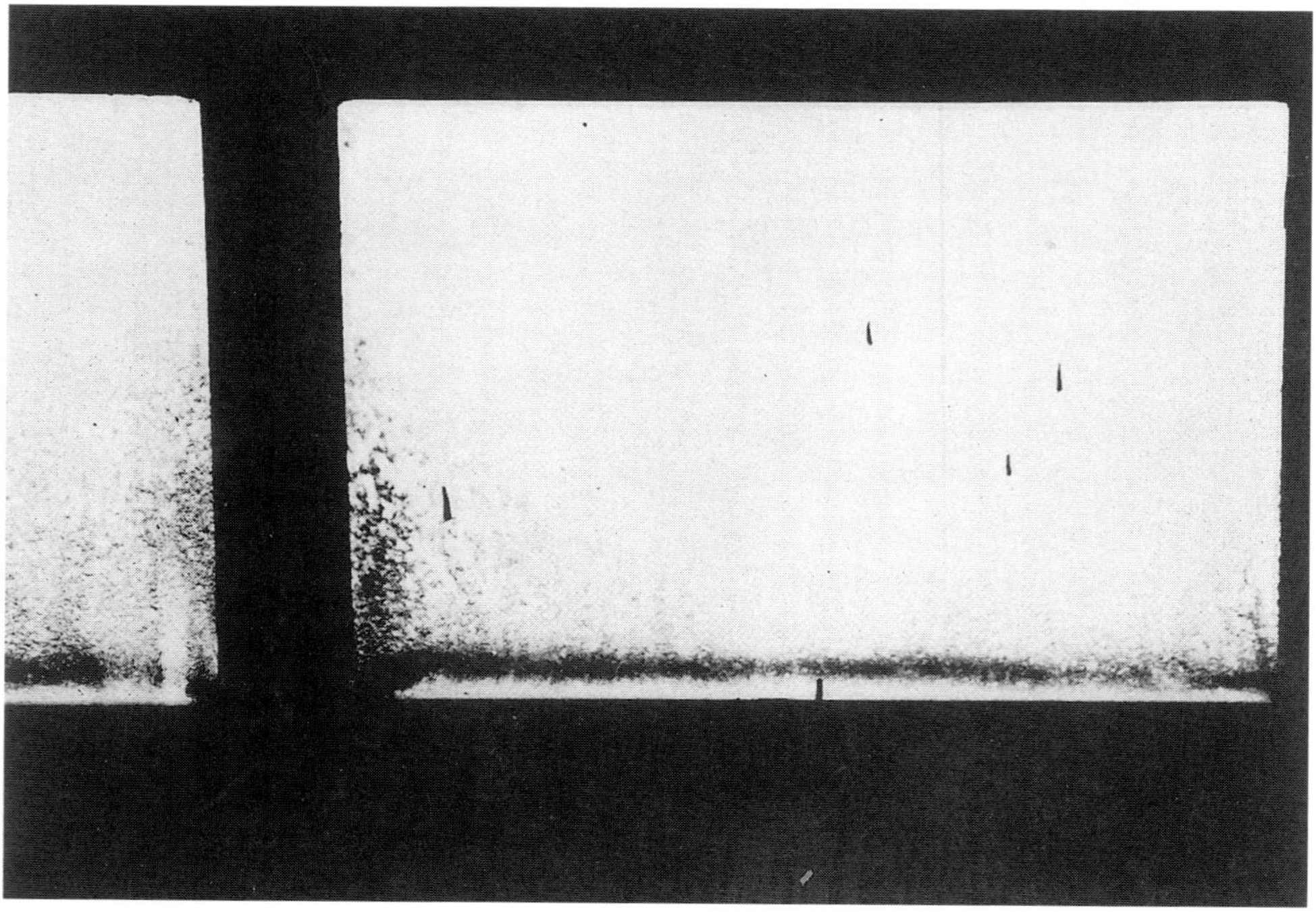

(上) ビニールトタンにこびりついた煤塵

(下) 工場近くの建物の窓は，いつもこの
おりすすけている▶

ペンキを塗っても，1年も
たたないうちに黒くなる

白い毛が煤で変色してしま
ったスピッツ。3日に1度
は入浴させるという

もくもくと吹きあげ
るのは蒸気？
それとも煤煙？

先日、お隣の家の小児喘息の子どもさんが、苦しそうに胸で息をしているのを見ました。見ている私までが息苦しくなるほどでした。

このときほど、きれいな空気が欲しいと思ったことはありません。

夏になると、工場側の窓を開けて寝ることがありますが、翌朝は布団はもちろんのこと、子どもたちの顔まで煤だらけになります。

まったく、生きた気がしません。

北九州工業地帯の心臓部

つららと見紛うばかり，煤塵まみれになった電線

工場からの煤塵とセメントの降灰で瓦がつながってしまう

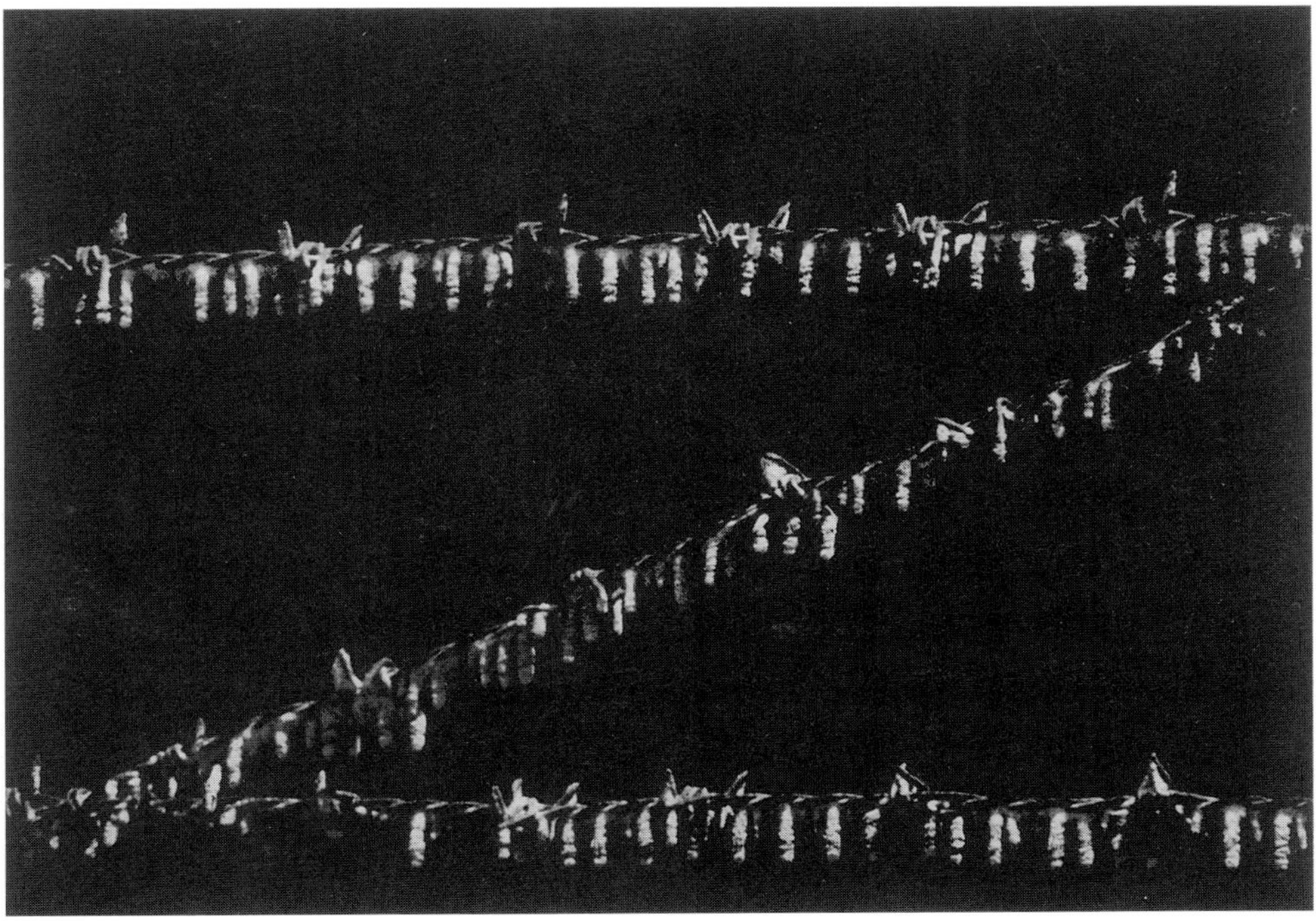
工場の有刺鉄線につもった煤塵

皿倉山から八幡区を一望。住民の居住空間から指呼の間に工場が立地しているのがわかる。ちなみに季節は冬で，家々の屋根に白くつもっているのは煤や灰ではなく雪である

 工場に面した側の窓はセロテープで目張りをする。戸畑区の県営小芝アパート

工場の専用鉄道路線（引き込み線）を走る汽車。こちらの黒煙は昔ながらのもの

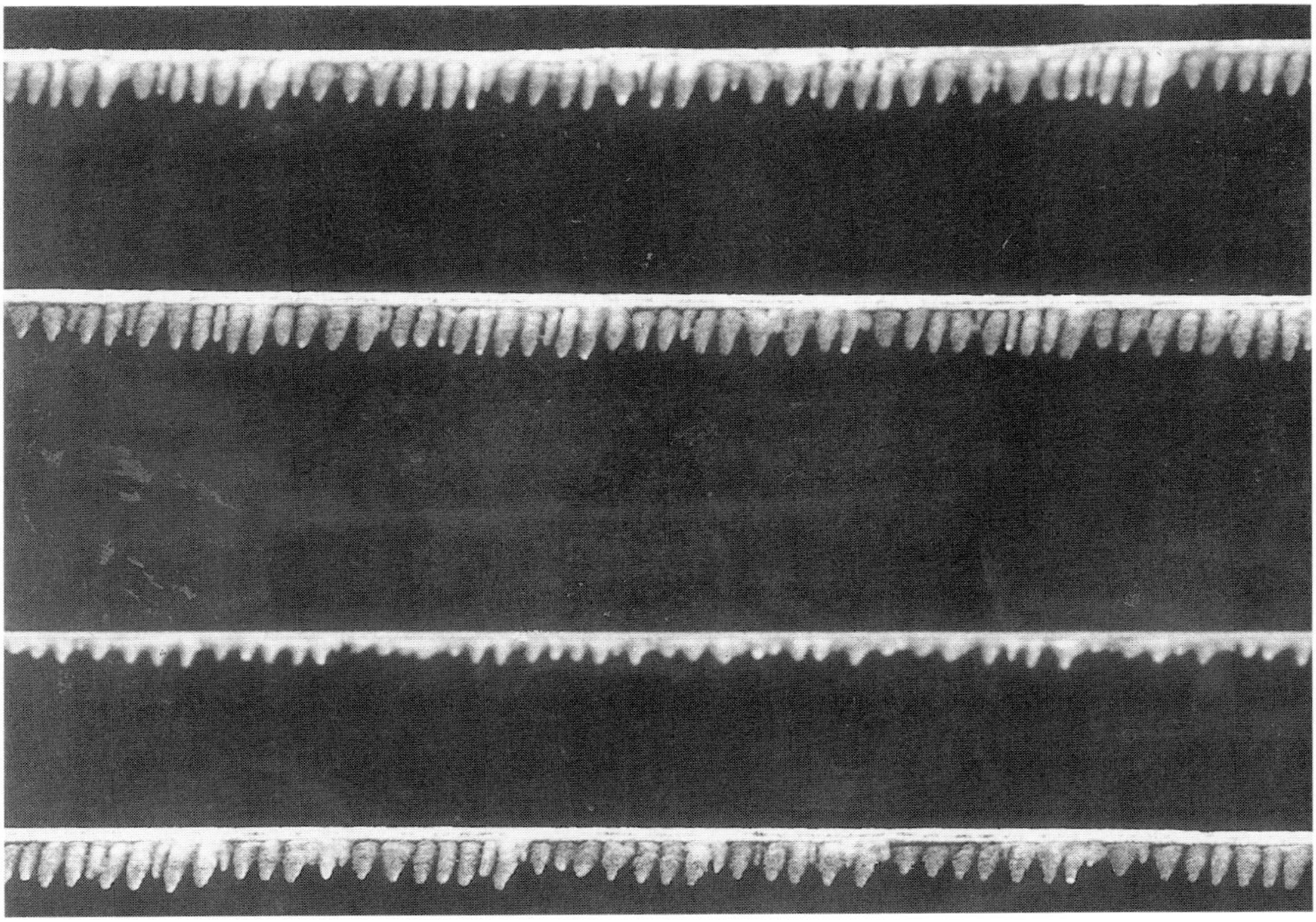

電線につもった煤塵を見ていると，人間の肺の中が心配になる

ネズミの死体も煤まみれ

夜の製鉄所は不気味な姿をしている

夜間も休むことなく煤煙を排出する

私は現場で集塵の仕事をしたことがあります。夜間は電気代が安くなるので、工場全体がフル稼働します。しかしコットレル〔電気集塵機〕は止めてあり、当然ながら煙がたくさん外へ出ます。上司は黙認しています。利潤追求の大原則の前にはやむをえないかもしれませんが、市民に迷惑をかけるのはよくないことと思います。

溶鉱炉から出たガスを燃焼させている

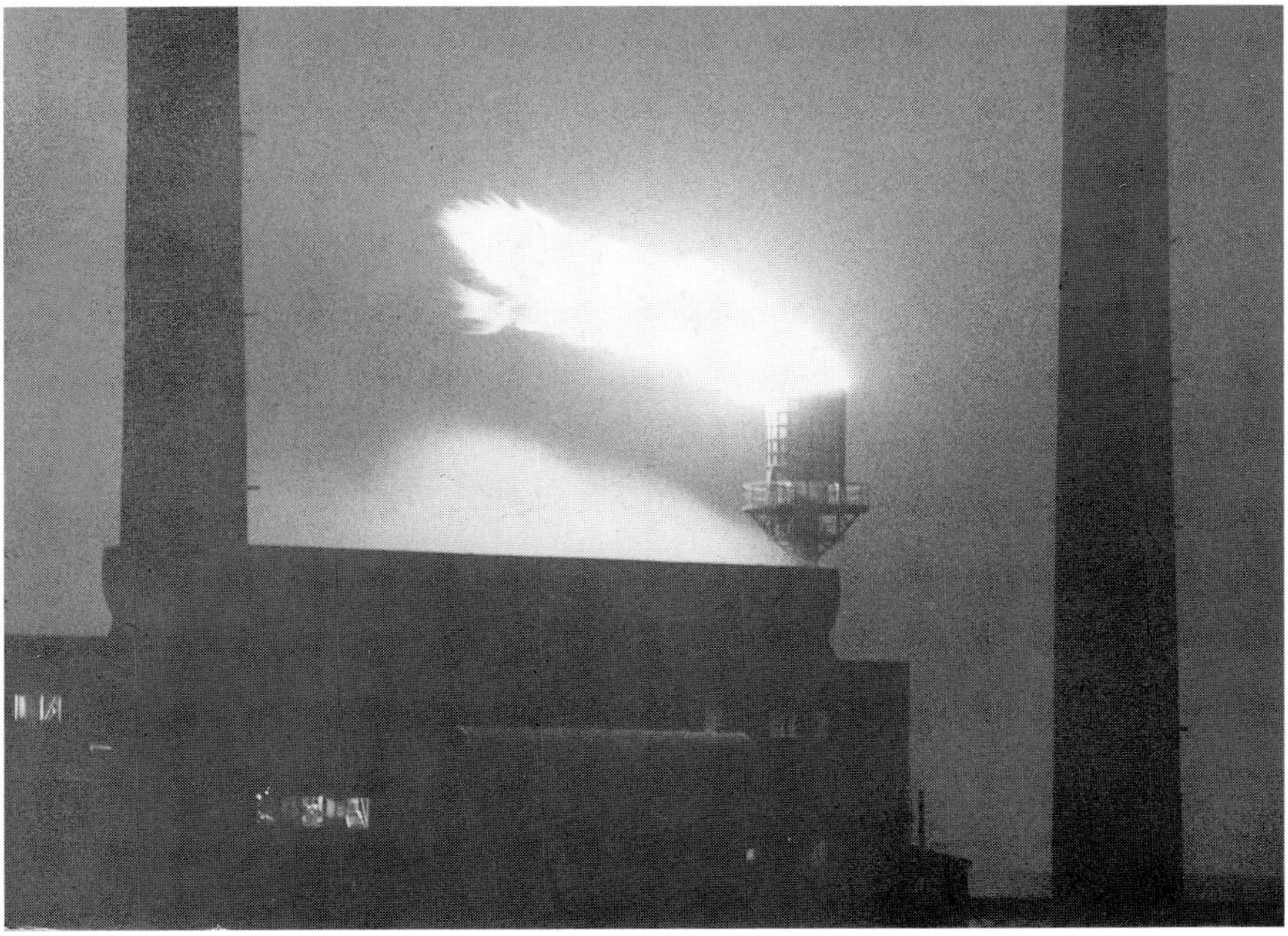

電気メーターもみるみる
うちに腐蝕していく

金属の嘆き

４年でカバーが腐ってとれてしまった
（上が1964年，下が68年）

自動車の排気ガスと工場の煤煙で
腐蝕した金属製の交通標識

踏切標識は文字が
読みとれない

父は一年前、自宅で喘息の発作をおこして亡くなりました。
長きにわたる入院と闘病に疲れ、家に帰りたい、帰りたいといって聞かないので、連れて帰ったのですが、それが悪かったのです。
スモッグであたり一面変な臭いがただよう夕方になると、はげしく咳きこみはじめました。その夜は特に発作がひどく、病院に行く間もなく息をひきとりました。人間の生命さえも奪う大気汚染です。無防備な市民にとって恐るべき大敵です。
父は、いつも口ぐせのようにいっていました。「あの世では喘息で苦しむこともなかろう」と。父を死に追いやった犯人は、あきらかに工場です。

煙につつまれた若戸大橋

6年は大丈夫といわれた若戸大橋も，
4年で塗りかえられることになった

煤煙でボロボロになったトタン壁。人間もこのように
腐蝕するのであろうか

数年前、やっとの思いで念願の新築家屋を建てたのもつかのま、窓のサッシや雨樋までいかれてしまいました。

近ごろでは、毎日襲ってくる公害に悩まされ、引っ越したくてノイローゼになっています。

この地に一生住みたいと思っていたのに、これから先のことを考えると、ひとりでに涙が出てきます。

庭に池も作ったけれど、三か月で真っ黒。鯉や鮒や金魚は、いくら入れてもすぐ死んでしまいます。

私も気管支をやられ、もはや何のために生きているのかわかりません。

煙が上空に拡散するよう煙突は高く作られている。だが，それによってむしろ公害が広範囲に広がってしまってもいる

鉄のパイプも数年ですっかり傷んでしまう

工場のトタン外壁が腐蝕して落ちてしまい，裸になった

皿倉山の展望台にて。ケーブルカーで登ってきた老人が，ひとこと「スモッグか」とつぶやいて降りていった

煙の中の生活

私は郵便局の外勤の仕事をしています。以前はそんなことはなかったのですが、近ごろ、特にスモッグの日などは呼吸器の障害がひどく、息が苦しくて歩けなくなることもあります。
冬は風邪をひきやすく、のどにいつもなにかがつまっているような感じですっきりしません。同僚も同じようなことを訴えています。

国際港・洞海湾に臨む八幡の空は煙でかすんでいる

毎日，塀を水洗いする主婦。これでも
環境衛生モデル地区なのである

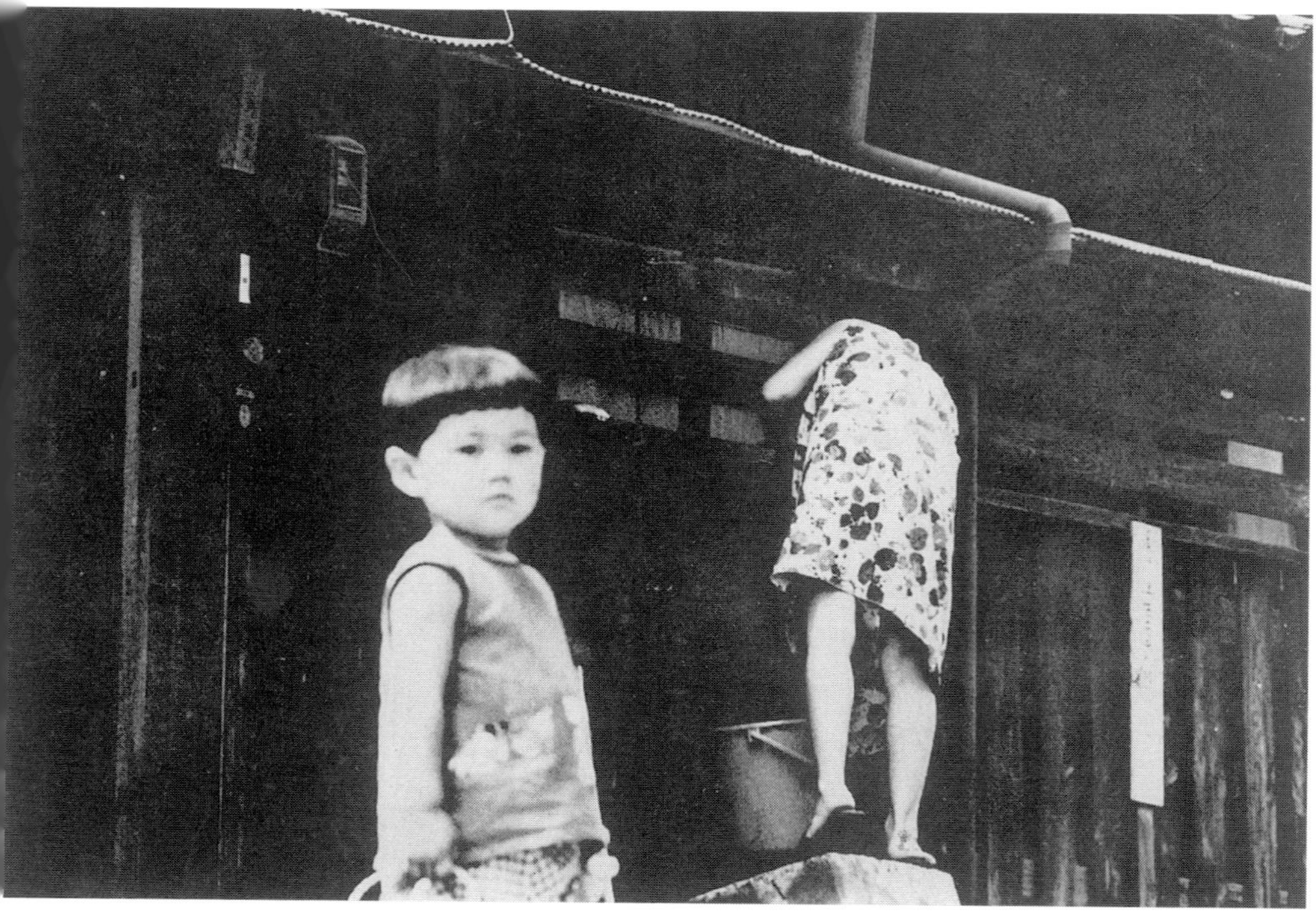

近代的工場とバラックが同居する光景

丘陵地である八幡では，人家は上へ上へとのぼるが，煙はそのあとを追いかけてくる

洗濯物はせっかく干しても，ちょっと油断するといつのまにか真っ黒くなっている。
じつに主婦泣かせだ

結婚して一年半になりますが、それまでは空気のきれいな田舎に住んでいたせいか、戸畑のなかでも特に汚染のはげしい三六地区に住みはじめてからというもの、毎日が憂鬱です。このごろは夜中に咳きこむことがたびたびで、いつも痰がつまっているような感じです。生まれてくる子どもが心配です……この現状がいつまでも変わらなかったら、はたして子どもが耐えられるだろうかと不安です。

煙の量は減ったはずだと工場はいう。それでも汚れるのはどういうわけか

アパート群と溶鉱炉は5メートルと
離れていない（八幡東区）

住民は「毎日毎日，甲斐のない掃除と洗濯でノイローゼになる」と嘆いている

みな「どうにでもなれ」とあきらめているのだろうか。これではまるで，
市民が無給で市の清掃員をやらされているも同然だ

天気がよくても，洗濯物は外に干せない。それでもわずかな隙から煤塵は室内へ侵入する

私は学生なのですが、夜遅くまで机に向かって勉強していると、あのいやな臭いのするガスが部屋の中までただよってきてイライラします。勉強どころではなく、ノイローゼになりそうです。

夜勤明けの父が朝から寝ていると、布団はいつのまにやら真っ黒。私も昼寝などすると、起きてびっくり、顔や手足が煤で汚れています。洋服のポケットにも黒い煤が入りこんでいることがあります。

障子も１か月で真っ黒になってしまう。いくら張りかえてもきりがない

弱い者たちに煤煙がふりかかる。近ごろでは空家が目立つようになってきた

戸畑には黒い雨，黒い雪が降る。車を外に停めれば，ボンネットもヘッドライトも煤塵だらけになる

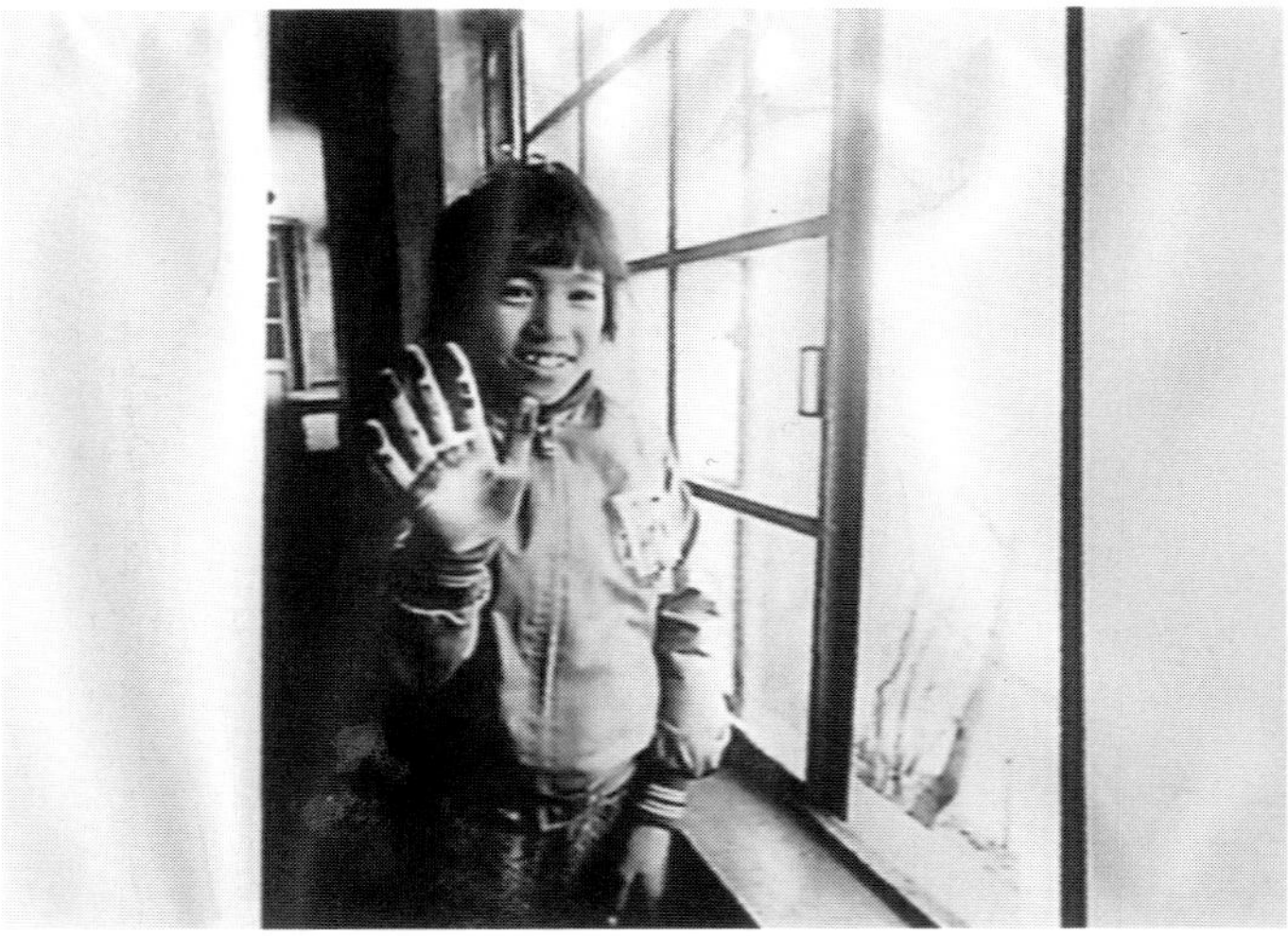

教室の窓はいくら拭いてもすぐ煤で汚れる。
子どもたちの体が気づかわれる

私は長年喘息で苦しんでいます。最近は特に空気の汚れがひどく、ときおりのどをしめつけられるような息苦しさに襲われます。私はもう生い先短いですし、このままいつまでも苦しむということもありませんが、子どもや健康な大人の体が心配です。体は衰弱し、咳がはじまると苦しくて死にたくなります。このような苦しみは私ひとりでたくさんです。

付近に人が住んでいるのを忘れているのだろうか

カーボンブラックとピッチコークスの工場は，１日数回釜を開ける

枯葉作戦

風向きによっては，畑の野菜が一夜で全滅することもある。そんなときは会社や工場に向かって大声でどなりたくなるそうだ

工場の近くでは，植物はまともに育たなくなった

朝に咲いたかと思えば，夕方にはしおれてしまう

子どもたちが校庭に植えたひまわりもすぐ枯れてしまう

亜硫酸ガスですっかり傷だらけになってしまった植物

家族全員、煤煙でのどを痛めてしまい、しじゅう病院に通っています。

こんなに病気ばかりしていたら、死んでしまいます。

薬代や医者の払いだけでも、収入の三分の一にもおよびます。裏庭に植えた草花や木々は、しだいに花が咲かなくなりました。どれもほとんど立ち枯れてしまった植物を見ると、情けなくなります。

庭木は工場に面している側だけ発育が悪い。そして，あるていど育ってもいずれ枯れてしまう

夜間，大量の煤煙を吐きだしていたのがウソのように，
昼間は静かな工場群

工場地帯の都市部の街路樹は，ふつうより1か月早く紅葉する。戸畑の銀杏は，工場に面した側の葉が発育不良でただれたようになっている

亜硫酸ガスで葉が外側から枯れていく。
こうなると手のほどこしようもない

息も絶え絶えの庭木を，せめてもとビニールで覆ってやる

バラの木もまったく元気がない

すっぽりとビニールをかぶされ，完全武装しても，排ガスですぐ枯れる

大気汚染の最大の元凶，発電所の煤煙

「七色の煙」を繁栄の象徴として
称賛した時代は過ぎた

海は死んでいる——

浄化処理をしないまま垂れ流される工場廃水が，付近の海域を汚染していく

工場からは24時間，とめどもなく廃水が排出される

洞海湾に面して工場が密集する地域。化学工場が多い

化学物質を含んだ廃水は，
たちまち海の色を変えてしまう

河口では海の浄化作用も機能せず，
汚れた水が淀む

潮が引いたあとの河口部にはヘドロがたまり，悪臭がただよう

工場廃水がいたるところに
爪痕を残している

洞海湾の海水は溶存酸素量ゼロで，魚はもちろん，微生物さえ棲めない

市民は海を奪われた。魚はよりつかず,
釣りもできない

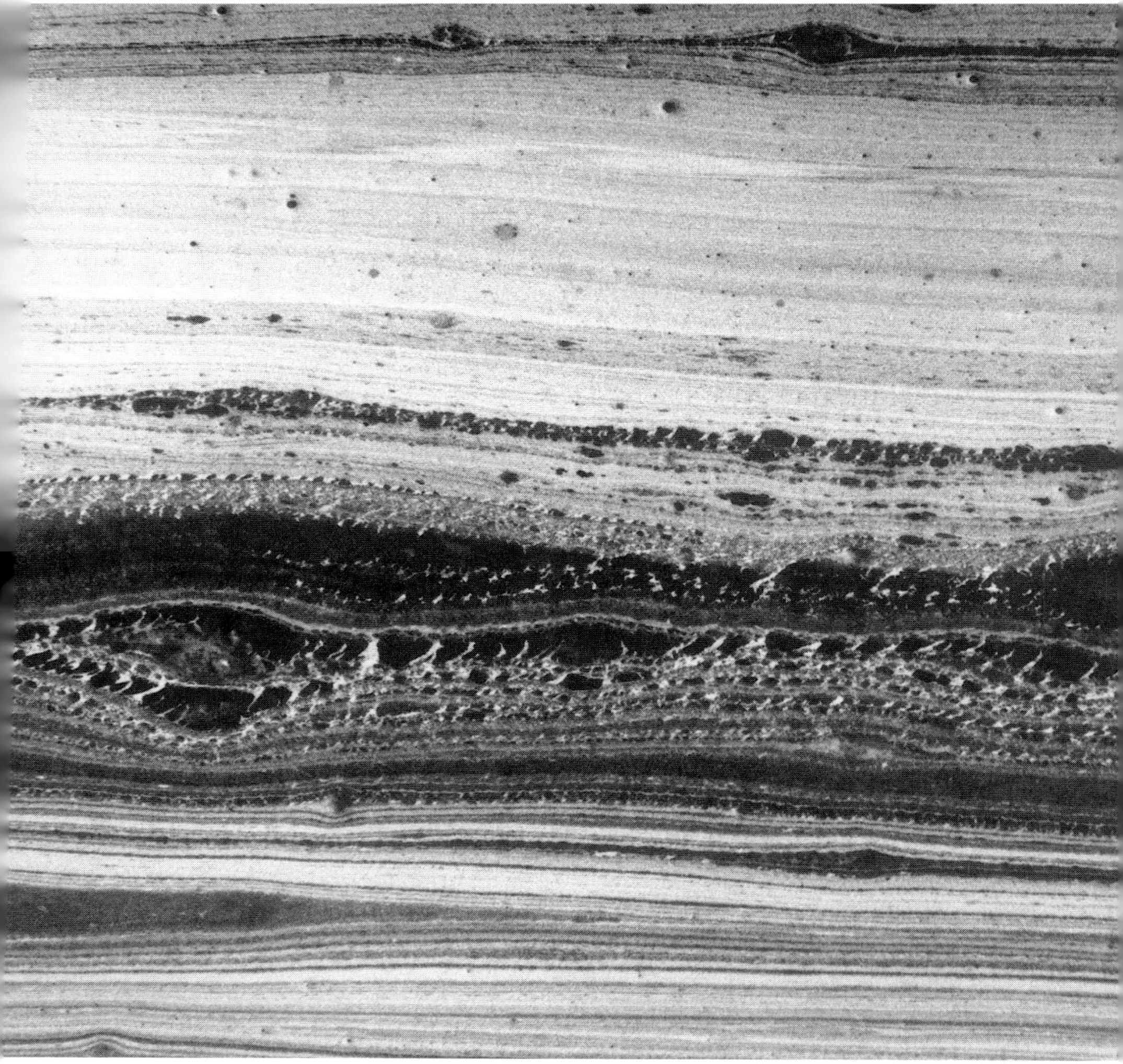

こんな海でも，貯木場としては大人気。
汚れた海水が殺虫剤の役割をはたすからだ

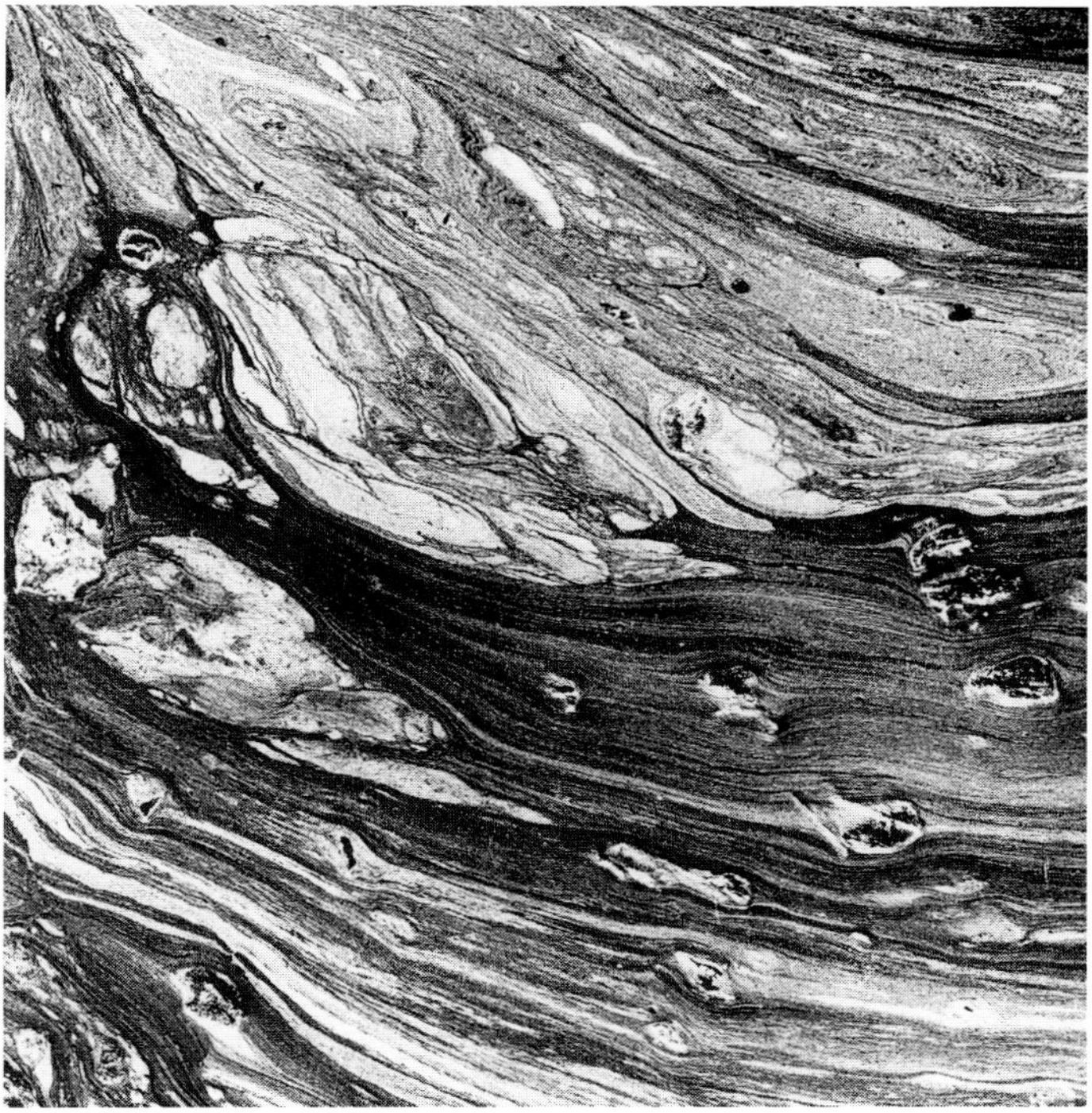

洞海湾では船員の溺死事故が増えた。鉱毒水のためではないかともいわれている

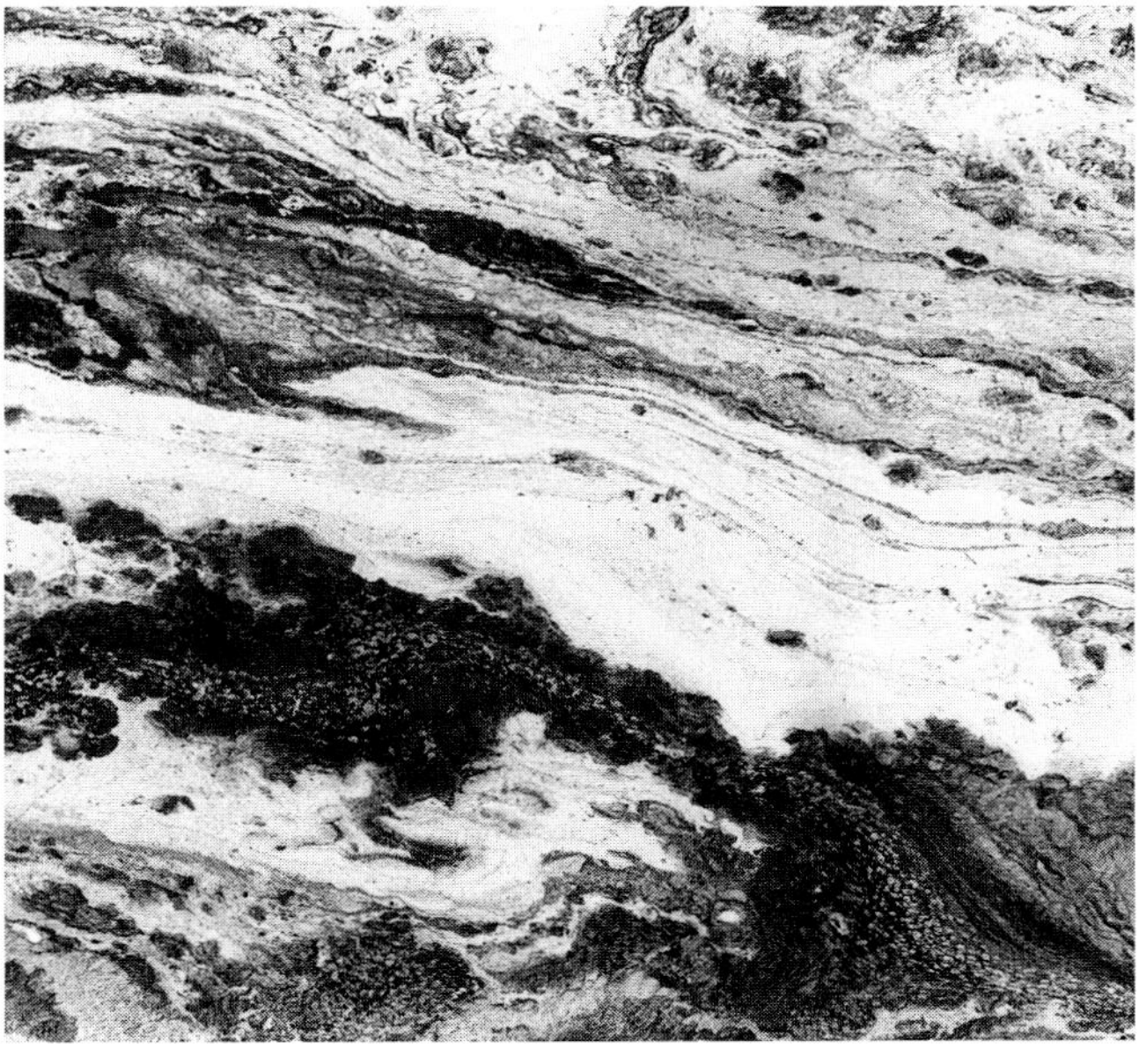

外国船はこの海をいやがる。船のスクリューに硫酸の混じった汚水がつくと，腐蝕して航行中に折れてしまうからだ

廃水ばかりか，心ない人が投棄する汚物の悪臭で，
もはや海辺では息もできない

海岸の埋め立ては続いているし，魚もいなくなってしまった。追いつめられた漁師たちは，遠くまで船を出さなければならなくなった

工場ができて以来，次第に魚がとれなくなった——漁師たちはよるとさわると先のことを嘆きあっている

若者は漁業を見捨て，町の工場に勤める。年老いた漁師たちだけが細々と漁を続け，生計をたてている

公害で市民がどれほど苦しもうが，そんなことにはおかまいなしに海は埋め立てられ，工場がどんどん建設されていく

漁獲量が減少して食べるのが精一杯，かつかつの暮らしだから，船が傷んでも漁具が古くなっても，修理もできない

近代化学工場は外見がスマートなだけに，
いっそう不気味だ

忘れられた子どもたち

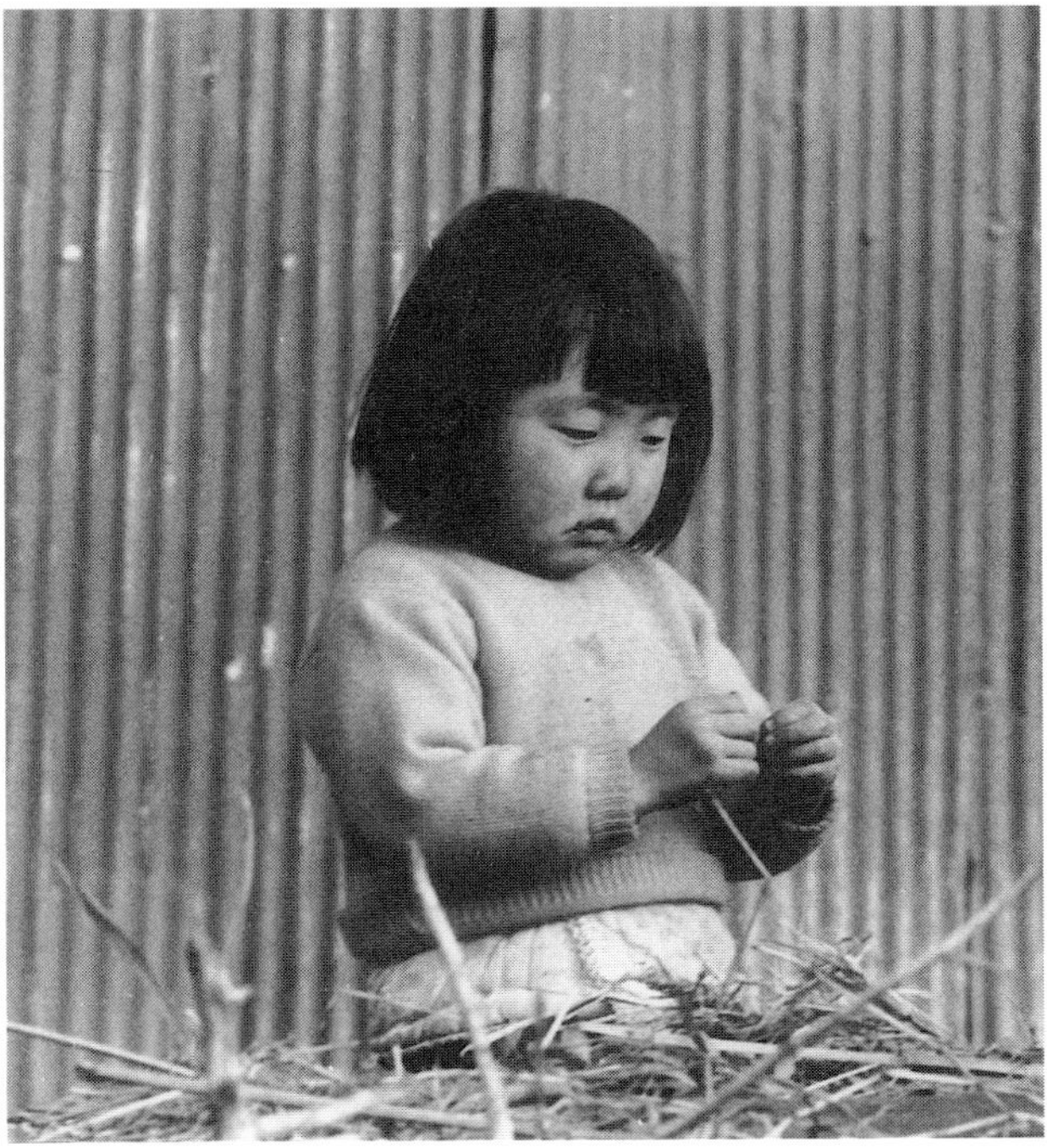

遊び場を奪われた子どもたちは，工場の片隅でひとり遊びをする

子どもを病院に連れていくと、医者はまずどこに住んでいるかと聞いてきます。

「あっ、戸畑の三六ですか。じゃ、三六喘息ですね」と言われます。

あのいやな臭気。

大人でもどうにかなりそうなのに、まして体の小さな子どもはかわいそうです。それなら引っ越せばいいといわれるかもしれませんが、私たち低所得者にそんな余裕はありません。


目やにや鼻水で顔を汚して遊ぶ子どもたち。公園も安全な場所とはいいがたい

どちらを向いても煤煙ばかり。転んでけがでもすれば，化膿してなかなか治らない

どの子も顔色がすぐれず，なんとなく元気がない

遊ぶ場所を奪われた子どもたち。煤煙をきらって山や丘の上で遊ぶ。いったん上がったらいつまでも降りようとしない

夫の転勤で他県から移住してきました。こんな汚いところへ来るんじゃなかった、と悔やまれてなりません。

五歳になる子どもと私は汚れた空気でのどを痛め、病院通いの日々です。

医療費がかさむので、少しばかり給料が上がっても焼け石に水、むしろ赤字つづきです。

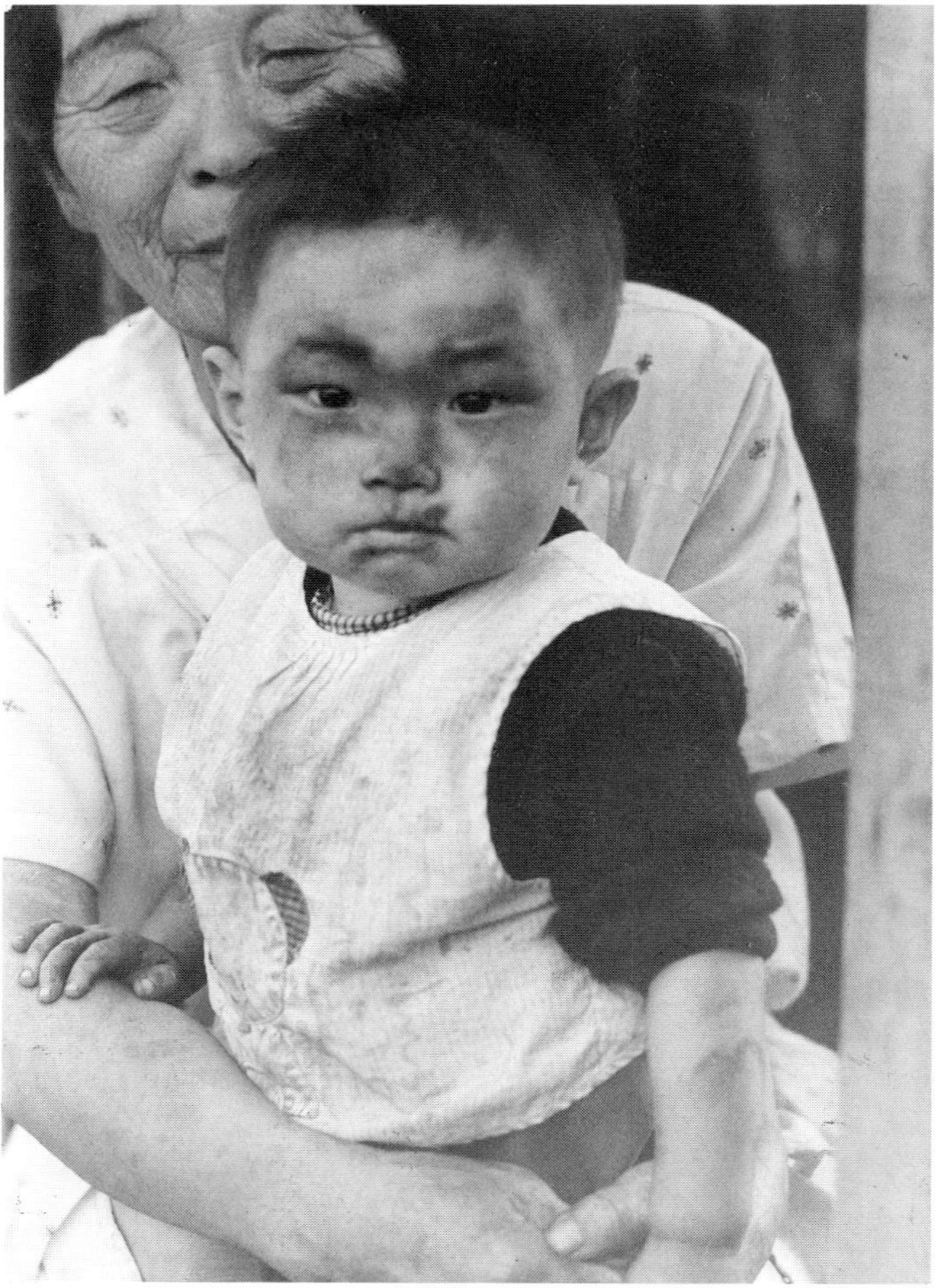

通称「煤煙坊や」。着がえは1日に3回，手洗い・洗顔は数えきれずだという

煤煙規制法などどこ吹く風。一本の煙突の煤煙量が規制されても，数が多ければ規制の体をなさない

朝から晩まで煤煙のことで頭がいっぱいで、ノイローゼになってしまいました。こんな夏の暑い盛りに、窓も開けられないなんて。この情けない状態をだれに訴えればいいのか、ただ怒りをこらえて暮らしています。植物も育たないし、子どもも大人も気管支の病気で悩まされています。長女にいたっては、あまりいつまでも治らないので、とうとう入院させました。大丈夫そうだというので、久々に家に連れ帰り、二、三日するとまたすぐに呼吸が苦しくなり、あわてて病院へもどるしまつです。

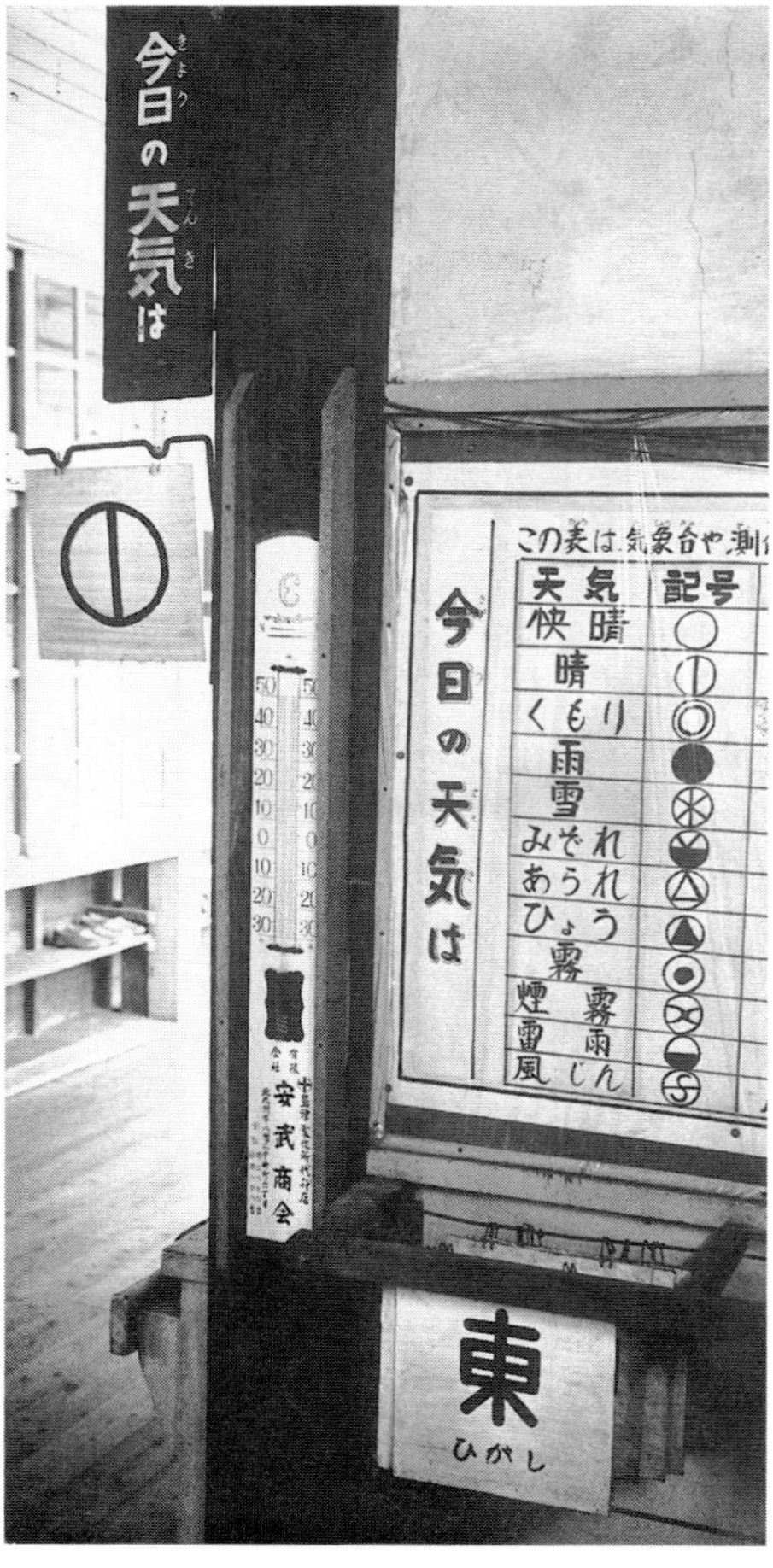

城山小学校はいつも風向計とにらめっこ。
風向きによっては校庭で体操もできないし，
教室の窓も開けられない

七色の煙が八幡の空をおおう

渦巻く煙で息もできない。工場で働く人たちの労働環境が懸念される

写生の時間，子どもたちは見たままに，
黒く塗りつぶした空と黄色い太陽を描く

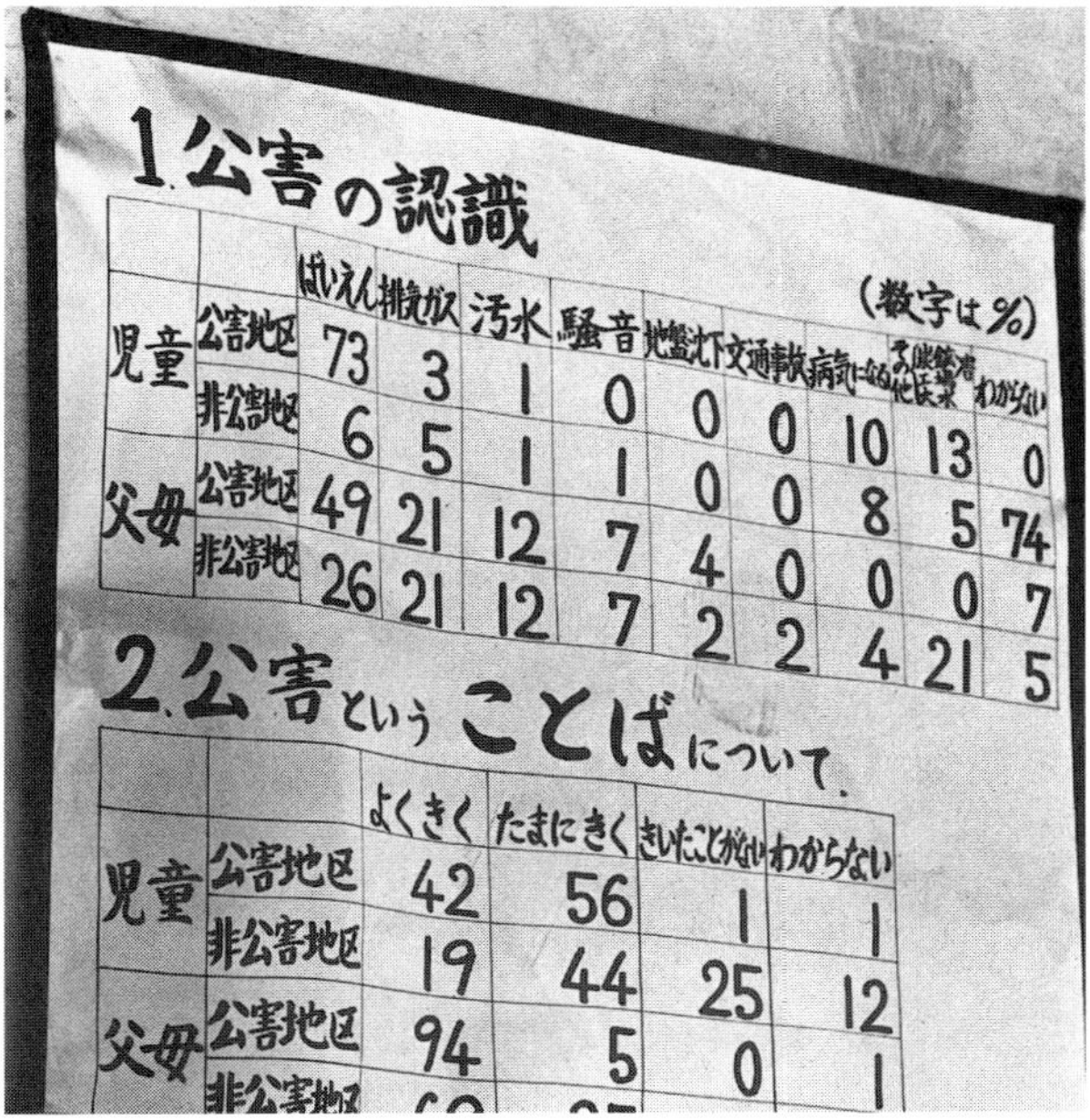

教室には空気清浄機が２台ずつおかれている。望まずして「公害」が身近になっている子どもたちの顔色はさえない

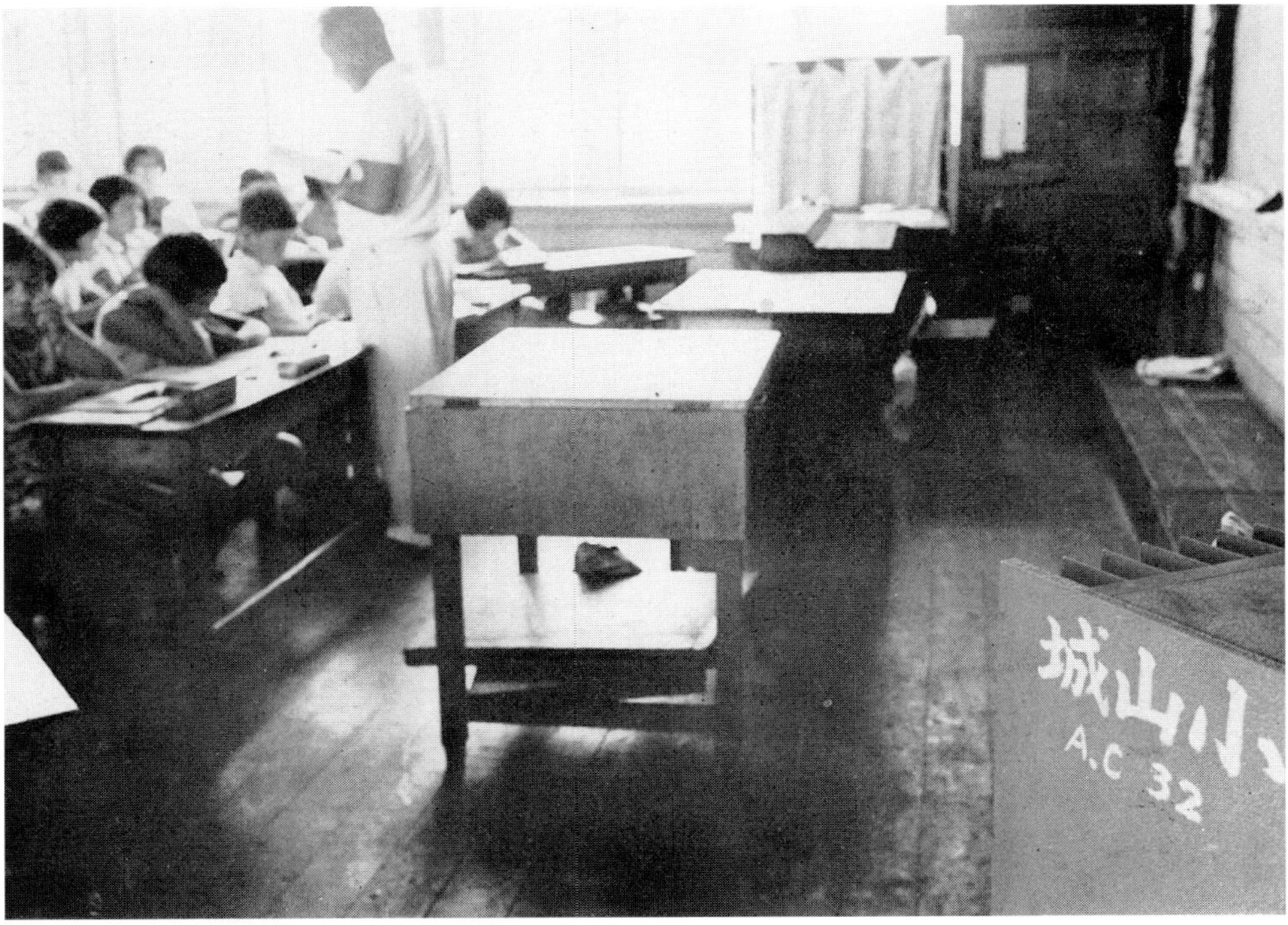

教室の窓ガラスも煤だらけ。週1回拭き掃除をするが，きりがない

この煤煙にはほんとうに困ります。窓の桟は拭いて二時間もたたずに真っ黒になってしまいます。子どもたちは年中、気管支炎か眼の病気をわずらい、病院通いをしています。まずはじめは頭痛です。それから体力が低下し、風邪をひけば長びくようになります。北九州にいるかぎり、煤煙で泣かされることになるのです。医療費もたいへんで、生活を圧迫します。

ここでは、六十年の命が三十年しかもちません。人間、体あってのものだねです。除害装置のための工事に何億円もかかるといいますが、いくらかかろうと、人間の尊い命にはかえることができません。

掃除が日課の子どもたちは，大人以上に
公害アレルギーになっている

体育のあと，外出のあとはかならずうがいする習慣がついている

公害地の小学校教員の悩みはつきない。
校庭で回転式撒水機を調整する校長

昭和三七年〔一九六二年〕に北九州に転居してきました。以前住んでいたところではどうもなかった子どもたちが、一カ月もしないうちに病気にかかりました。五歳の長女は気管支炎から小児喘息になってしまいました。あれだけ元気だったのが、食欲もなく、しだいに痩せていき、顔色は悪くなる一方です。同じクラスに喘息をわずらう子が長女をいれて四人いて、欠席するとなるとほとんどいつもその四人がいっせいに休むそうです。これは公害のリズムと少なからぬ関係があるのではないでしょうか。

「公害体操」をしたあと乾布摩擦をする子どもたち

うちの子は月に二度、喘息の発作をおこします。そのたび、専門の病院があったらいいのにと思います。特に夜中に発作がおきることが多いので、いつも泣く思いをして診てくれる病院を探しまわります。

四日市では、市立病院で公害病患者を治療していると聞きます。北九州では、子どもたちがこれほど喘息で苦しんでいるのに、どうして同じようにしないのでしょうか。

戸畑区の三六地区、中原地区にはうちの子のように苦しんでいる子がおおぜいいます。

泣き寝入りしていた市民がついに立ちあがった！　会社事務所前で座りこみの抗議をし，署名を集める

いつの日に青空が……

公害地獄・北九州にも、
青空がよみがえることが年に一度
だけある。
それは工場が正月休みで休止する、
元旦から三日間の短い期間だ。

公害逃避行記

真夏に雪が

長女のあづさが騒々しく階段をかけあがってきた。
「パパ、ママ、大変よ、雪が降ってきた！　ほらね、早くセーターだしてよ、それから手袋もね」と、うれしそうに部屋中をはしゃぎまわっている。

いったい何がおきたのか、事情がわからないまま、窓ごしに外を見ると、ほんとうに雪が降っている。目の錯覚ではないかと見直したが、やはり降っている。じっとしているだけで汗がにじむようなこの真夏に、どういうわけだろうか。外へ出てみると、どうも雪ではないらしい。

親子で大騒ぎしているので、階下の大家の主人が出てきた。「雪じゃありませんよ、ナフタリンですよ。そこの八幡化学から飛んでくるんですよ」。そういえば、目にはいるとなんだかチカチカ痛むような気がする。

田舎から戸畑に引っ越してまもなく、近くの工場から毎日のように飛んでくる、黒い煤、赤い煤などに見舞われる日々がはじまった。

わが家は妻も仕事をもつ、いわゆる共働きである。

朝、仕事に出かける前に洗濯物を干すが、帰った時には物干し竿に下がった白い洗濯物がべとべとした煤で汚れている。さらっとした煤であれば、はらえば落ちるが、これは粘度があって触ると布地にこびりついてしまうので、洗い直すことはたびたびであった。

くたくたに疲れて帰宅し、洗濯物を洗い直している妻の姿を見ると、こちらが悪いことをでもしているかのように気の毒になってくる。何度洗い直しても黄色いシミがあとに残り、誰に苦情を訴えればよいのか、黒ずんだ空を見上げて暗い気持ちになった。日曜日か、それとも誰かが家にいて煤が降ってくるのを監視できる日以外は、洗濯物を外に干すことはできなくなった。家にいて外を監視している日でも、ちょっと油断すると風向きが変わって、みるみるうちに煤だらけになる。

白や黒の煤だけでなく、黒い雨にも悩まされた。工場から排出された煤煙はすぐに地表には落ちず、かなり遠いところまで運ばれるが、空気中に浮遊している間に雨や雪がこれを道連れにする。工業都市の雪や雨が黒くなるのはこのためである。傘を持たずに出勤した時、洗濯物を取り入れ忘れた時など、黒い雨に見舞われると大変なことになる。着ているワイシャツに黒い斑点がつき、せっかく干した洗濯物が煤で汚れるくやしさは、経験した者でないとわからないだろう。

それ以来、六畳と三畳のせまい部屋は、昼間は物干し場になり、色とりどりの洗濯物の下をくぐりながらの憂鬱な毎日がはじまった。

洗濯物だけでなく、部屋に侵入してくる煤は家族を完全にノイローゼにおとしいれた。

窓は閉じていても、夕方になると部屋の中は煤でいっぱい、はじめは念入りに朝夕掃除をしていたが、いくら掃除をしても夕方には同じことになり、結局朝の掃除をやめることにした。一日中部屋にいる日曜日などは、一日に四、五回は掃除しないと室内にはいられない。近くにある県営の小芝アパートでは、工場に面した側の窓は一年中釘づけにして、その上を蠟やセロテープで目張りをしている。あまり暑いからといって気を許して窓を開けようものなら、畳は煤で汚れ、白い着物や足袋はすぐ黒くなるから、夏でも閉めっぱなしにせざるをえない。

わが家では掃除の時だけ工場側の窓を開けることにしていたが、雨が降り続く梅雨期や暑い夏の夜には閉口した。きびしい暑さで、子どもに汗疹ができたりする。奮発して扇風機を買い求めたところ、窓を閉じた室内ではほんとに便利であった。わずか一カ月の使用であったが、秋になってケースに納めるため分解すると、プロペラに綿ぼこりと一緒に黒い煤がべっとりついていた。扇風機にこれだけの煤がつくのであるから、一日に一人約一万リットルの空気を吸っている人間の肺の中は、どんなに汚れているかわからないと思った。

ある日、長女が描いた絵を見て啞然としてしまった。その絵は空を黒く塗りつぶし、煙突からは煙がもくもく、太陽は月のように黄色くなっている。興味があったので「あづさ、お日さまは黄色いの？」と聞くと、「うん、黄色いよ、あまり見えないもん」「空はそんなに黒いの？　もっと青くないかな？」「だって、煤煙ばっかりよ」。私たち大人が、毎日汚い汚いとこぼすので、いつのまにか子どもまでが「煤煙」という言葉を憶えてしまっている。四歳になったばかりの子どもが、すでに、太陽は黄色いもの、空は黒いものと思いこんでしまっている。

ここに生まれ、ここに住み、育った者にとっては、公害の被害がピンとこないのであろうか。それとも他へ移るもままならず、いまさらどうにもならないとあきらめてしまっているのであろうか。

一夜で枯れる花や野菜

赤い煙、黄色い煙、黒い煙、白い煙、目に見えない有毒ガス……。「七色の煙」にいろどられた北九州工業地帯は、かつては木下恵介監督によって『この天の虹』という映画にもなった。だが、そこで生活している者にとっては、空気がきれいであるか汚れているかは重大な問題である。せせまい土地に家を建て、ひしめきあって暮らす市民にとって、わずかな空き地を利用しての庭づくりや草花づくりはささやかないこいでもある。それが工場からの排気ガスによって、一夜のうちに熱湯をかけたようにただれてしまうことに、言いようもない怒りがこみあげてくる。戸畑、八幡の工場の近くでは、一夜で野菜や花が全滅することがある。こうなると、すでに犯人は誰であるかすぐわかるであろう。しかし、ほとんどの場合、長い期間にわたってじわじわ被害を受けるので、どこの工場からの公害だとはっきりわからないことが多い。

戸畑区中原《なかばる》の皆好園の桜といえば、中原の海水浴場とともに人々に親しまれ、桜の名所として有名であったが、ここの桜もいつのまにか枯れてなくなり、今では跡さえわからない。桜だけでなく、梅、ツツジ、バラなども工場地帯から姿を消そうとしている。また、たとえかろうじて咲いても、バラやツツジ本来の色や形を望むことはできない。

それほど汚れた北九州に植物が全然育たないかというとそうではなく、煤煙に強い植物と弱い植物があることがわかる。葉の表面が煤煙におおわれ、完全に同化作用ができず息をひきとる植物もある。それにひきかえ、葉の裏側で呼吸できる植物は生き残ることもできる。しかしそれも、公害がますますひどくなり、煤煙と有毒ガスが増えてくると、これまでのようにはいかなくなるものと思われる。

実際、八幡の高炉台公園や戸畑の夜宮公園の土壌が煤煙で酸化し、植物を植えてもすぐ枯れてしまう現象が起こっている。今後は土壌を入れかえるか、酸化を防ぐ以外にどうしようもない。市内の植木屋ではホースを使って煤を洗い落としたり、手入れを工夫してきたが、自動車の一酸化炭素や工場からの煤煙には勝てず、ついに音をあげて商売替えをする業者がふえている。煤煙は増加する傾向にあり、市内の緑はいまや息たえだえになっている。さまざまな外部的影響を受けた植物は秋の訪れを待たずに色づき、工業都市では農村より一カ月早く紅葉して落葉する。

若戸大橋は衣裳がえ

若戸大橋は、若松と戸畑を結ぶ洞海湾上に女王のように深紅の姿を横たえ、市民や訪れる観光客の目を楽しませているが、エレベーターで橋上に出ると妙に白けた相貌を見せる。もともと赤い橋であるが、ところどころ黒ずみ、ペンキがはげ落ちている。傷みがひどいので衣裳替えをすることになって、現在大部分が塗り替えられている最中だ。

渡橋料で儲けた金を塗り替えで吐きださなければならないことは、道路公団としては予定していなかった事態ではないだろうか。橋が腐蝕する原因を調査したところ、附近の工場群からの煤煙や亜硫酸ガス、それに橋を通る自動車の排気ガス、下を通る船の煤煙によるものとわかった。

塗り替え作業をしていた職人が降りてきたので様子を聞くと、「かなり重病人ですよ。手でさわっただけで塗料がはがれ落ちます。ペンキの下の金属まで腐蝕しています。場所によって差はあるが、ガスがじかにあたるところ、煤煙がたまっているところが特にひどい。将来が思いやられますよ」と、詳しく説明してくれた。そういえば戸畑でも金属類の腐蝕がひどい。屋外に設置された電気のメーターや郵便受けなどは三、四年でボロボロになり、穴があいてしまうこともある。

ある日の昼休み、職場で、純金とメッキをどうして見わけるかという話題になった。同僚の一人が、市内で買った時計がどうも純金でなくメッキらしいという。素人の純金論争は結論が出ず、その同僚は近くの時計店に確かめに行った。時計店の親爺は一目見るなり、「純金にまちがいありませんよ。北九州じゃ、金は金の色をしてませんからね、メッキと見まちがう人もいます。きっと公害のせいですよ」といった。同僚は半信半疑ながら帰ってきてそう報告した。そこで、みんなで時計や指輪を出しあって、純金のはずの部分を見較べてみた。すると、たしかにどれも黒ずんで、金特有のつやがない。植物だけでなく金属までも影響を受けているのかと思うと、一瞬ひやりと背中を冷たいものが走った。

一年にダンプカー百四十台分の煤

七トン積みのダンプカーが百四十台、煤を満載してやってきて、山や丘の上からいっせいに撒き散らしたらどうなるか。それこそ重大ニュースとして世界的なセンセーションをまきおこすにちがいない。七トンのダンプ百四十台分、すなわちおよそ千トンとは、昭和四〇年〔一九六五年〕に戸畑区の南に位置する八幡区城山地区に降った煤の量である。

五百平方キロにおよぶ市全域の話なら、年に千トンでも工業都市としては不思議には思わないかもしれない。だが、わずか一平方キロほどの城山地区に千トンが降り注いでいるのだから、目をおいたくなるような惨状だ。

そもそも北九州市全体が、まさに世界一の煤煙都市といってもさしつかえない状況にある。市では現在、三十カ所の測定場所をきめて継続的に大気汚染の状況を測っているが、ある地点で月に二百トン以上の降塵量が記録されたことがある。あまり多すぎるので、測定機器の故障ということで記録を削除したといわれている。

なかでも八幡製鐵と三菱化成の大工場に挟まれ、周囲を中小企業の工場群に囲まれた城山地区は、煤煙の吹きだまりとなっている。地形的にも気流が滞る上に工場に囲まれてしまっているので、あらゆる悪条件が重なっているともいえる。煤煙規制法の施行後、この地域では降塵量は当然減少しなければならないはずである。にもかかわらず、逆に増加の傾向にあるのはどういうわけだろうか。

公害の谷間にある城山の生活環境はきわめて悪く、問題地区として早くから行政も企業も対策に頭を痛めているが、そこに暮らす市民こそいい迷惑といわねばならない。地区の中心には小学校があり、風向きによっては運動場で遊ぶこともできない。体操の最中に風向きが変わり、黒煙やガスが流れてきて中止することはたびたびである。工場に面した側の教室ではうっかり窓も開けられない。プールの水面には黒い煤が浮いている。海水浴ができなくなったかわりにと、苦労してプールをつくったというのに、防火用貯水槽としての役割しか果たしていない。

城山小学校は、正常な教育ができる環境とはいいがたい。児童の健康状態は極端に悪い。朝は前夜のうちに降った汚染物質がスモッグとなってただようので、日課のラジオ体操が中止になった。これは城山小学校だけでなく、戸畑の一部の小学校も事情は同じである。なにより、一日のうちで最も空気が汚れている時間帯に、好きこのんで肺いっぱいに吸いこむ必要はないわけである。

城山小学校では、ＰＴＡが周辺に木を植えたり、運動場にカルシウムを撒いて煤煙の舞いあがりを防ぐなどしているが、根本的な解決にはなっていない。ＰＴＡ予算の四十％を公害対策に使っていることを考えても、地域の人たちの苦悩がうかがい知れる。ここまでほうっておいた行政や企業も問題だが、黙っている市民にも責任の一端がある。月に八十トン前後の汚染物質が降る土地は、もう人間の住む場所とはいいがたく、状況が改善されないのであれば、城山地域全体で集団移転する以外に方法はないのではなかろうか。

寿命がちぢまる空気の汚れ

「今はこんなジャラ声だけど、昔はウグイスのようないい声をしてたから、うちの旦那はあたしの顔より声に惚れて結婚したのよ」。冗談まじりにそんなことをいう婦人もいる。仕事の関係でご婦人方と話をする機会が多いが、冗談ではなく本気で声の変化を訴える人が多いことに驚く。

北九州に住んで声変わりしたというのは、他人事ではなく自分が経験しているからなおさらだ。

声変わりの原因は呼吸器、なかでも気管になんらかの障害が生じているせいではないかと思われる。のどがかさかさして、締めつけられるようで気持ちが悪い。夜中に子どもの咳が止まらなくなって、ふと窓から外を見ると、工場から煤煙がこちらに向かってきている。いやな臭いがただよう。目も開けられぬほどしみる。子どもが夜中にはげしく咳きこむ時は、ほぼ必ず煙がわが家を襲っている。昼間より夜間がひどいということは、夜になってひそかに煤煙や有毒ガスを排出しているからなのではないか。まるで人目を盗む泥棒猫さながらだ。

といって、窓に目張りをすれば夏は暑くてやりきれない。そこでカーテンをつけたが、三カ月もたたずに煤で真っ黒に汚れてしまった。何度も洗ううちに生地が傷んでボロボロになり、遮蔽の用をなさなくなった。窓を閉めていても、煙はわずかな隙間から侵入し、室内を汚す。公害は一日二十四時間、たえまなく市民の上におそいかかってくる。

田舎に住んでいた頃は病気らしい病気をしたこともなかった二人の子どもが、戸畑に住みついてまもなく、競うように病院通いをはじめた。一年中風邪ぎみで、ちょっと咳をしたかと思えばたちまち呼吸器を傷める。高熱を出して日に三回も病院へ行ったこともある。喘息で苦しみだすと、はたで見ているのに耐えられず、代われるものなら代わってやりたいと心底思う。二人そろって病みつくとまったくお手上げで、泣きだしたくなってしまう。

家計に占める医療費の割合が急カーブで上昇してきた。近所にも喘息に悩む子をもつ人がいるので聞いてみると、ほぼ同じ状況であった。小児喘息だけでなく、年配の喘息患者も意外に多い。空気のきれいな場所から移り住んだ人ほど罹患率が高く、北九州喘息ともいえる地域特有の病気であることがわかる。わが家では特に上の子が症状がひどく、顔色がすぐれず、食事もすすまず、家の中にじっと閉じこもりがちになった。

子どもに鼻毛が……

次女のいづみは、長女のあづさより体は強いようだが、ある日、驚くべき現象にでくわした。煤で汚れた顔を拭いてやろうとしたら、小さな鼻の穴から長い鼻毛がとび出ていたのである。まだ二歳に満たない幼な子に、まさかこんな長い鼻毛が生えているとは思いもよらなかった。姉はどうかと見てみると、あづさはいづみ以上に長くのびている。そういえば思いあたることがあった。

学生の頃、東京の生活にも慣れ、久しぶりに床屋で散髪した時のことである。いい気持ちでうとうとしていたところ、鋏で鼻毛を切られ、驚いてとび起きた。東京の床屋はさすがにしゃれておるわい、鼻の中まで掃除してくれるのかと、田舎に帰って母や友達に自慢したものだ。その後、中途退学して東京に別れを告げ、田舎にもどり七年暮らした。その間、鼻毛のことは気にもとめずにいた。それから北九州に移ってほどなくすると、また理髪のたびに鼻毛を手入れしてもらうようになった。その時はじめて、これは公害と関係があるなと思った。

小さい女の子の可愛らしい鼻の穴から、そっと鼻毛がのぞいている。滑稽だと笑ってばかりはいられない。これは、あまりにも多量な煤煙にたいする人体の自己防衛機能であり、環境への適応現象だ。長くのびた鼻毛は、私たちに体からの赤信号を伝えているのではないだろうか。北九州では動物園の猿にも鼻毛が生えてきたそうだ。動物の生理機構を変えるほど大気汚染がひどくなっていることは、決して無関心ではすまされない問題である。

大気汚染が人体にいかなる影響を与えるのか、気管支や肺など呼吸器系の機能を侵すかどうかについて、病理学的に証明することは難しい問題であろう。ただつい最近、九州大学医学部の田中健蔵教授が、第十八回日本結核学会で、北九州市民の大気汚染と人間の肺との影響関係を解剖例をあげて検証している。この調査からも、大気汚染と呼吸器系疾患との間に重大な関係があることが予想される。田中教授の調査は、空気のきれいな福岡市の住民と、北九州の汚染地区である戸畑、八幡、小倉の住民の肺を比較したものである。両地に長い間住んでいて病死した者の遺体を解剖し、肺の中がどのように汚れているかを調べたもので、北九州市民の肺の汚れ方は特にひどいことが報告されている。

これを裏書きするように、戸畑では一日中鼻の中が汚れる。昼間、外を歩きまわって、夕方鼻をかむと当然ながらひどく汚れている。そこできれいに鼻を掃除して寝るのだが、翌朝にはまた黒く汚れている。夜間も煤煙が充満している証左であろう。子どもの鼻毛がのびるのも無理はない。

工業都市では、そこに暮らす人間だけでなく、猫まで喘息にかかることがわかった。わが家では生まれて間もない猫をひきとって育てはじめた。はじめは何事もなかったが、一年を過ぎる頃からうわずった鳴き声をあげるようになった。毎年九月から翌年三月までのスモッグシーズンには目に見えて元気がなくなり、特にスモッグがひどい日には喘息症状を起こす。ヒーヒーいいながら、あごを地面にこすりつけて苦しんでいる。

田舎と戸畑ではこんなにちがう

孫の顔を見たさに、田舎から時々母が訪ねてくる。季節の野菜をたくさんかかえてきてくれるが、一泊することはまれで、その日のうちに帰ってしまう。吐き気をもよおすようないやな臭いと、のどや目にしみる煤煙がつらくて、とても長逗留はできないという。毎日そこで生活し、汚い空気を吸っている者には、一種の慣れができてしまって不感症になっているが、空気のきれいな田舎に住む母には敏感に感じられるのだろうか。子どもが風邪でもひいているのを見ると、空気が悪いからだと嘆き、連れて帰ってしまう。田舎に着いたとたんに咳がやむのだという。そのたび、またおばあちゃんの孫可愛病がはじまったと、さほど気にもとめずにいた。しかし、一年中病気がちの子どもたちを見るにつけ、年寄りのいうこともすこしは聞こうかという気になり、幾たびか実験してみた。子どもを連れて田舎へ行き、そのまま泊まって様子を見る。帰ったとたんに咳がやむというのはやや誇張があったが、たしかに翌日からは咳が出ない。不思議なことに、戸畑に連れ帰るとさっそく咳をしはじめる。それであわててまた田舎にとって返したこともあった。

素人考えでは危険だと思い、かかりつけの医者に相談してみた。すると、「このまま汚い空気にさらされていると、小児喘息が慢性化して体質が弱くなり、一生喘息で苦しむことになりますよ」と警告された。母のいうことにも一理あったのだ。このまま北九州に住んでいたら大変なことになると思った。

たとえ体がじょうぶな人でも、一日二十四時間、こうした大気の状態が悪いところで生活していると、長い間にはしだいに健康を蝕まれていくのではないだろうか。健康な大人や子どもでも悪影響をうけるわけだから、まして老人や病人にいたっては何をかいわんやである。

会社の幹部ともなれば、空気のきれいな郊外に住み、各部屋に空気清浄機を整備し、自家用車で通勤し、公害から自分や家族を守ることもできよう。しかし大部分の労働者はそんなぜいたくは許されないし、やりたくてもできないのが現状である。製鉄やコークス、あるいは化学工場の現場では、働く人々が有毒ガスで体を壊すことがあると聞く。そのように職場の労働環境が悪い上に、家に帰ってからも汚い空気の中で生活しなければならない労働者や一般市民の悩みや苦しみを、はたして企業や行政当局者はわかっているのであろうか。しかも、北九州の大気中にただよう煤煙には、発ガン性があるといわれるタールが他の都市に比べて非常に多く含まれていることがわかっている。

これらの事実はとりもなおさず、北九州が安心して住める町ではなく、「できれば住みたくない町」になってしまっていることの証であろう。停年退職して家を建て、ほっと一息ついたら主人を亡くしたというような話をよく聞くが、これも大気汚染と無関係とは思えない。汚い空気を吸うとただちに死ぬわけではないから、人体への影響について証明するには難しい問題があるのはわかっている。しかし、工業都市で喘息、肺炎、気管支炎、心臓疾患、ガンなどで死亡する人が圧倒的に多いことは、何を物語るであろうか。

人間が人間を殺せば、殺人罪としてその罪を問われる。それなのに、工場からの公害によってひきおこされる病気や殺人が放任され、罪にならないのは、いかにも矛盾しているのではないだろうか。

死の町にしてはならない

熊本県の水俣がいい例だが、「うちの工場は関係ない」「排水基準値以下だから問題ない」と、抜本的な対策を立てずにいるうちに、いつのまにか公害は手のつけられないまでになってしまう。産業公害を中心とした現代の公害は、私たち市民から青空ばかりか、青い海原さえも奪おうとしている。

私は田舎育ちなので、釣りといえば川釣りの経験しかなかったが、戸畑へ移ったあと、あるとき近所の悪童どもにさそわれて海釣りに出かけた。北東に若戸大橋を眺めながら、洞海湾に釣り糸をたらし、大きな獲物を期待して待った。釣れたのはナマコとウナギ一匹ずつだったが、それでも今夜の肴ができたとよろこんで、上等のウィスキーを買いこんで帰った。さて料理をしようという段になって、ふとカゴの中を見るとナマコの姿がない。しっかりくるんだから途中で落とすわけがない。よくよくカゴの底をさぐると、皮だけが出てきた。溶けてしまったらしい。せっかく釣ったのに惜しいことをした、せめてウナギだけでも蒲焼きにして食べようと、頭に釘をさし、背を割いた。とたんに変な臭いがただよった。なんだか薬品臭い。家族も臭い臭いという。気持ちが悪いので、煮て猫にやることにした。猫はうれしそうにとびついたものの、ちょっと鼻でかいだだけでぷいと去ってしまった。それならと、近所の犬にやってみたが、やはり口をつけようともしない。犬や猫も見放すほどの魚を人間様が食わないでよかった。あとで水俣病の写真集を見ながら、化学物質が食物連鎖の末に人体にどのような影響をおよぼすかを知り、ぞっとした。

洞海湾は今でこそこんな状態だが、昔は魚の宝庫であり、絶好の漁場だった。洞海湾の漁業権をめぐって、若松側と戸畑側が激しく争ったこともあると聞く。それが魚も棲めない、まして人間が泳ぐことはとうていできない死の海となってしまった。工場廃液によって海水はヘドロでどす黒く汚れ、つねに悪臭を放っている。洞海湾にかぎらず、北九州の海はいずこも汚れ、漁民は生活権を奪われ、漁業を捨てて都市の片隅に追いやられるか、あるいは細々と続けてわずかの収入で暮らしている。

地域開発の名のもとに、大規模な埋め立て工事が国や地方自治体、あるいは企業によってなされ、北九州の海は日に日に姿を変えていっている。かつての美しい海辺の光景は消えてしまった。埋め立てが終わればただちに工場が建設され、そこからおびただしい量の煤煙、有害ガス、廃液が放出される。それによって空も海も汚染され、空に鳥なく、海に魚なく、死の町の気配さえただよう。いちど汚れた大気や海は、二度ともとのようなきれいな姿にもどせないのではないか――そう思うと暗澹たる気持ちになる。

洞海湾の南に位置する皿倉山に登ると、北九州の町が一望でき、空気の汚れも一目でわかる。国民宿舎の山の上ホテルに一泊し、翌日スモッグの状態を確かめようと屋上にあがってみた。やはり一面スモッグに覆われ、まったく視界がきかない。眼下には八幡製鐵所、三菱化成、旭ガラスなどの工場が広がっていて、上から見るとまるでガスと煙がたちこめる地獄のようである。

遠く北に広がる海上にはスモッグはなく、島影や船の姿が見える。北九州工業地帯は海に面しているから、海風が煤煙を吹きはらい、スモッグになりにくいのではないかと思っていたが、そうではなかった。国民宿舎の管理人に聞くと、ほとんど毎朝発生するという。特に高気圧の日、早朝冷えこんだ日ほどひどく、長い時は正午近くまで晴れないこともあるという。管理人は、こんなところにはもう住めませんよ、と語った。

皿倉山からの眺望で、私の覚悟も決まった。これでは駄目だ、もうこれ以上北九州には住めない、逃げだすほかはないと考え、田舎に移転することをきめた。

いよいよ戸畑を脱出するにあたり、家計簿をあらためてみた。医療費に相当の支出をしてきたのがわかる。また、クリーニング、衣料、洗剤などの費用も、田舎にいた時と較べてずいぶん高くついていることがわかった。経済的支出だけではない。むなしい掃除や洗濯に費やした体力、煤やガスでいやな思いをした精神的負担までいれたら、莫大な被害をうけていることになる。こうした金にかえられぬ損害もあるから、被害金額の算定は難しいが、医者通いや衣服にかかったものだけでもかなりの額になる。そう考えると、北九州百万市民の被害総額は、相当な額にのぼるのではないだろうか。

風が吹けば桶屋が儲かる

「快適な生活ができる空気清浄機」「安心して住める空気清浄機」……近頃よくこうした広告にお目にかかるが、とんでもない思いちがいをしている。もちろん、空気がこれほど汚れてしまっては、住む側からすればなんとか手を打たざるをえず、金に余裕があれば買いたいと思うだろう。だが、これはしょせん対症療法にすぎない。しかも、その手の機械をつくって売りさばいているのは、しばしば快適で安全に暮らせる空気を奪った企業と同根の会社であったりするのだ。

こういう商売が繁昌するとは、おかしな時代になったものである。自分たちが儲けるために物をつくり、それによって空気を汚し、汚した空気でまた儲ける。これでは、公害の再生産をしているといわれても仕方がない。風が吹けば桶屋が儲かるというが、それ以上に悪質な商売根性ではないか。八幡製鐵にかぎらず、日本には「会社があってこそ」とか、「会社のおかげで」など、変な企業意識がある。企業側には、自分たちあっての市民生活という思いあがった考え方が根強くあるし、市民の側でもそれを当然とうけとめてしまっているように思われる。それが公害を今日のように拡大してしまった大きな底因ともなっているのではないか。企業は自己の利益をあげるために工場で生産しているわけだから、自分たちが出したゴミは自分たちで処理するのがあたりまえである。配当金にまわす金があるなら、これだけ市民が迷惑している煤煙・煤塵をとりのぞくための除塵装置への投資をなぜしないのであろうか。

一部のセメント会社はすでに除塵装置を整備しているが、これは原料を無駄にしないための処置であり、コスト対策である。自己の利益になることには数億円でも投資するが、儲けにつながらないことにはびた一文出さないといっても過言ではあるまい。そのようななかで、同じく公害都市である山口県の宇部市が、長らく公害防止に力を尽くし成果をあげたことは、高く評価されるべきものと思う。

企業は決して利潤の追求のみに終始し、公害を野放しにするべきではない。公害はそれを出した企業にとってもマイナスであるはずだ。石炭燃料から重油燃料へとエネルギー革命がすすむにつれて、公害の量と質は以前とは比べものにならないほど複雑になっている。企業は利潤をあげると同時に、時代に応じて複雑化する公害についても対処すべきである。

工場で働く労働者の多くは、ここが一生の職場と思って励んでいるし、その働きに一家の生活がかかっている。しかし、その企業にとって一番大切な労働者が公害の被害をこうむり、家族までが健康な生活を享受できずにいれば、やがては生産力も低下していく。また、近代工場は高度な技能をもつ熟練技術者を必要とするが、労働環境や生活環境が劣悪では人が集まらないであろう。子どもや家族の健康を考えて、大気の汚れた町に就職することを嫌がる者は多い。企業は自分で出した公害によって、自身も直接間接に損害をうけるのである。したがって公害対策のための投資は、長期的にみれば企業にとって決してマイナスにはならず、むしろ必須のはずである。

峠を越えてわが家へ

引っ越し当日、家族で車に乗りこむ。煤煙で汚れた家財道具に埋もれ、悪路を揺れながらすすむ。やがて峠にさしかかった。背後に遠ざかる町を眺めて、公害都市よさらば、と思った次の瞬間には、もう目に緑いっぱいの自然がとびこんできた。青空は高く、空気がおいしく感じた。以来、一日往復三時間の通勤がはじまったが、家に居る間だけでも田舎のおいしい空気が吸えるようになったので、長生きできそうな気がする。子どもたちは寒い冬も小川で遊び、野や山をかけまわって大喜びである。

【使用カメラ】

ボディ	レンズ	F 値
ニコン SP	ニッコール50ミリ	F1.4
ニコン S3	ニッコール35ミリ	F1.8
レオタックス III F	ニッコール50ミリ	F2
ニコマート FTN	ニッコール105ミリ	F2.5
ニコン F	ニッコール300ミリ	F4.5
ニコン F	ニッコール200ミリ	F4
ニコン S	ニッコール105ミリ	F2.5

【撮影期間】

1963年〜1970年

＊戸畑区婦人会協議会のご厚意により，研究報告書『青空がほしい』より一部転載いたしました。

あとがき

空気に味があるなんて今まで知らなかった。「戸畑の空気は臭いのに、田舎の空気はなぜおいしいの」。子どもたちの素朴な疑問にぎくりとする。太陽の光も、青空も、そして市民の健康までも奪う公害が憎い。街に工場が出来た。街は栄えた。しかしそのために街の人々は公害の被害をうけている。「工場のおかげで私たちは生活しているのだ」。こんな長年の習性が公害に対して実に寛容な態度をとらせる。私はそれにも憤りを感ずる。あなたの周囲はこれほど汚れているのですよ、ほら見てごらんなさい――こんな気持ちで私は街を歩きまわり、六年が経った。

この写真集の刊行にあたり、山口大学の野瀬善勝先生、成蹊大学の佐藤竺先生、東京学芸大学の小林文人先生、九州産業大学の猪山勝利先生、北九州婦人懇話会のみなさん、戸畑区婦人会協議会のみなさんにご指導、ご援助をいただきました。心から感謝しております。

発行を引き受けて下さった北九州青年会議所の方々、有難うございました。

同じ職場の人たち、陰からご協力下さった方々には、お礼の申し上げようもございません。そして私事に亘りますが、父亡きあと女手ひとつで私を育てあげてくれた母に、造本の終わった最初の一冊を手渡したい。

昭和四三年九月三十日

林えいだい

解説

北九州の公害克服の歴史を動かした戸畑婦人会の活動

神崎智子

1　はじめに

北九州は、我が国の四大工業地帯の一つとして経済成長を遂げた一方で、大気汚染などの公害が人々の健康的な生活をむしばんだ。この深刻な事態に、１９５０～60年代、戸畑《とばた》婦人会が公害反対運動を展開し、行政と企業を動かして公害を克服した。

戸畑婦人会の公害反対運動は、これまで、公害対策史や女性史などで、大まかな経過については紹介されてきたが(1)、管見の限り、なぜ戸畑なのか、なぜ婦人会なのかなど、なぜ戸畑婦人会が北九州の公害克服の歴史を動かすアクターとなり得たかという視点での詳しい分析は行われていない(2)。

歴史が動くとき、歴史を動かすアクター（主因）、そのときの状況（素因）、アクターが行為を行う際の引き金（誘因）の3つの要素が作用するとされる。

本稿は、戦後まもなく設立された戸畑婦人会の生い立ちから、１９６０年代後半の「青空がほしい」運動までの歴史を振り返り、戸畑婦人会というアクター（主因）、戸畑市の公害の状況（素因）、婦人会の活動を促したきっかけ（誘因）を検討しながら、特にアクターに着目し、なぜ戸畑婦人会の公害反対運動が起こり、成功したのかを考察するものである。

ではまず、北九州・戸畑市の概況から説明することにしよう。

2　北九州・戸畑の概要

１９６３年、九州北部に位置する門司、小倉、若松、八幡、戸畑の5つの市が合併して、北九州市が誕生した。

門司市は国際港湾都市、小倉市は軍都・商業都市、若松市は筑豊炭田の石炭の積み出し港として発展し、八幡市は、１９０１年に操業を開始した官営製鉄所と共に発展した工業都市である。

そして、戸畑市は、小倉市と八幡市に挟まれた、面積、人口規模共に5市中最も小さい市である。１９６０年代、市域の3分の1を八幡製鉄（株）戸畑製造所が占めた。この土地は埋立地で、１９１５年、久原鉱業が製鉄業を営むとしてこのあたり一帯の土地を確保し、同時に海面の埋め立てを行ったことから製鉄所用地の埋め立てが始まった。久原製鉄はすぐに東洋製鉄へ、さらに八幡製鐵所（日鉄）へと製鉄所の経営権が移っていき、海面埋め立ての権利も継承され、製鉄所の拡張計画にそって着々と埋め立てが行われた。

そして、八幡製鉄は、設備の合理化と生産の拡大を図るため、「海に築く製鉄所」をかけ声に、この広大な埋め立て地に銑鋼一貫製鉄所を建設し、１９５９年、最新鋭の臨海製鉄所を完成させた(3)。その後、八幡製鉄の生産拠点は八幡から戸畑へと移っていった。

3　戸畑市の婦人会の設立と占領下の婦人教育政策

戸畑婦人会の公害反対運動の経過を表1（１５２頁）にまとめた。戸畑婦人会の公害反対運動のアクターは、一口に戸畑婦人会とするのは正確ではなく、１９５０～51年は中原婦人会、１９６３～64年は三《さん》六《ろく》婦人会という、地区の婦人会が単体で活動を行った。一般によく知られている「青空がほしい」運動は、北九州市発足後の１９６５年から1969年までの間に戸畑区婦人会協議会が行ったものである。「青空がほしい」運動の15年も前の1950年、中原地区の婦人会が発電所の降灰問題を自分たちで調査し、議会を動かして会社と交渉させ、改善にこぎつけている。

戦後わずか5年のとき、1地区の婦人会が自分たちで降灰問題を解決できたのはなぜか、それには、中原婦人会とはどのような団体だったのかを見なければならない。

では、戸畑市の婦人会の設立経過から見ていくことにしたい。

戸畑市の婦人会は、その設立において、GHQによる徹底した民主化の指導があった。その経過は『戸畑市史第二集』に次のように記されている。

戦後の混乱した世相の中から立ち上るために婦人会の必要性がとなえられ、鶴田市長夫人を中心に昭和二十一年秋戸畑市婦人会連合会が発足した。食糧難時代のため食用になる草木の研究や配給品の上手な利用法が研究されたり、更生品の展示や物品交換会等を催し、会員の福祉につとめた。翌二十二年五月竹内市長夫人が会長となられたが二十三年三月福岡県軍政部婦人教育係のクリスト夫人が指導に来戸し、米国における婦人活動を紹介した後、座談会の席上で「戸畑市の婦人会は市長夫人が会長では民主的ではない。即時役員を改選せよ」と命令された。婦人会ではようやく軌道に乗りかけようとしている本市の婦人会の実情を訴えて、再三現状維持を懇願したがどうしても聞き入れられず、三月三十一日強制的に解散させられるに至った。四月に入るとクリスト夫人は月二回毎木曜日に来戸して、民主婦人団体のあり方を懇切に指導され、夫人検閲の会則により、会則の主旨、目的に賛同する女性で（全く自主的な婦人団体として）二十三年五月……戦後最初の婦人会が発足した。(4)

つまり、戦後1年ほどで発足した市単位の婦人会は、会長が市長夫人であるという理由でGHQ地方軍政部(5)から解散を求められ、同時に、GHQの指導で新たに地区（小学校区）単位の婦人会が設立されていったのである。1948年には、中原婦人会など6つの地区婦人会が発足し、その後次々に地区の婦人会が発足した。(6)そして、1950年3月、地区婦人会の連絡を密にし、親睦を深めるために、戸畑市婦人会協議会が結成された。戸畑市婦人会協議会は、地区婦人会の連絡、協調を図るとともに、女性の自主性を培う教養の向上、明るい社会を目指す社会活動と生活の合理化、婦人学級の推進などを行った。(7)

この市単位の婦人会の解散、地区単位の婦人会の結成は、婦人教育政策に関する、文部省とGHQ／CIE(8)の見解のズレが投影されたものであった。つまり、終戦直後、文部省が、婦人会の再生を方向づけるために地方長官に対する通達行政を行うが、この方針を不満としたCIEが介入し、CIEおよび地方軍政部の強力な指導で、婦人団体の民主化が行われたのである。(9)経過を見てみよう。

1945年11月6日、文部省は「社会教育振興ニ関スル件」の次官通達を発し、地方長官に対して「婦人教養団体」を早急に設置し育成

図１　1965年当時の北九州市戸畑区の概況

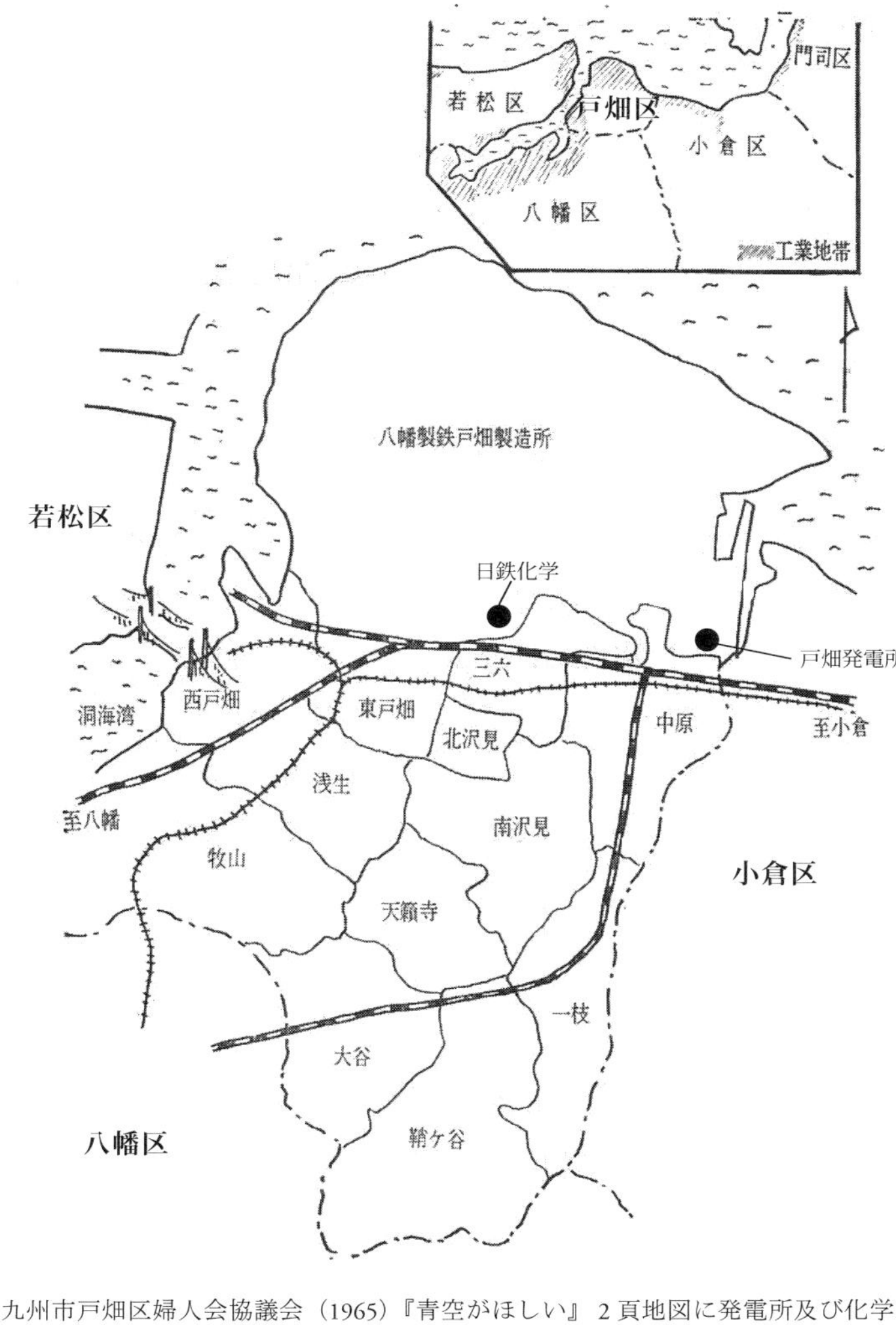

出典：北九州市戸畑区婦人会協議会（1965）『青空がほしい』２頁地図に発電所及び化学工場の位置を加筆

表1　戸畑婦人会の公害反対の取り組み年表

年	事　　項
1948	中原婦人会結成
1950	10の地区婦人会が，戸畑市婦人会協議会を結成 中原婦人会が煤塵調査（日本発送電戸畑発電所の降灰）
1951	中原婦人会が戸畑市議会に働きかけ 戸畑発電所が集塵装置工事着手 三六婦人会結成
1952	戸畑発電所が集塵装置設置完了
1953	第1回戸畑市婦人創作品展開催
1954	八幡製鉄西中原社宅の運営委員会が日鉄化学と交渉（三六婦人会長も出席）
1957	婦人会の講習会（市長出席）で降灰問題を討論。市長が，企業との交渉，プール，公園整備を約束
1958	戸畑市が降下煤塵測定開始（市内7ヵ所）
1959	北九州5市が降下煤塵測定開始
1960	三六地区の反対運動活発化
1961	三六公民館で開かれた市政懇談会で苦情が噴出 戸畑市が日鉄化学本社に陳情（三六婦人会長同行）
1962	（煤煙規制法制定）
1963	北九州市発足 三六婦人会が婦人学級で煤塵調査をテーマに調査研究，新生活展で発表 三六地区住民と日鉄化学の和解合意
1964	三六地区住民と日鉄化学の和解式 三六婦人会の婦人学級の煤塵調査（2年目） 北九州市公害防止対策審議会設置（戸畑区婦人会事務局長今村千代子が審議会委員に就任）
1965	戸畑区婦人会協議会が煤煙問題共同研究（1年目）。報告書『青空がほしい』，8ミリ映画「青空がほしい」制作
1966	戸畑区婦人会協議会の煤煙問題共同研究（2年目）。報告書『青空がほしいⅡ』
1967	戸畑区婦人会協議会の煤煙問題共同研究（3年目）。報告書『青空がほしいⅢ』 （公害対策基本法制定）
1968	戸畑区婦人会協議会の煤煙問題共同研究（4年目）。報告書『青空がほしいⅣ』 （大気汚染防止法，騒音規制法制定）
1969	戸畑区婦人会協議会の煤煙問題共同研究（5年目）。報告書『青空がほしいⅤ』
1970	北九州市公害防止条例（北九州市の「公害対策元年」） 条例に基づく北九州市公害対策審議会 （いわゆる「公害国会」公害対策関連法の制定，一部改正）
1971	北九州市公害防止条例改正

注：1953年に始まった婦人創作品展は，その後，制作品展，新生活展，暮らしの工夫展と名称を変え毎年開催。
出典：各種資料をもとに神崎が作成。敬称略。

することを指示した。続けて11月24日には「昭和二十年度婦人教養施設ニ関スル件」を社会教育局長名で通達、４日後の11月28日には、再び社会教育局長から地方長官あてに「婦人教養施設ノ育成強化ニ関スル件」の通達を出し、婦人の教養の向上を図り国家の再建と世界平和に寄与する婦人の育成を図るための「婦人教養施設設置要領」を示した。[10]「施設」とは婦人団体のことである。県レベルで福岡県も、１９４５年11月８日、内政部長名で各市町村長に「市町村婦人会設立ニ関スル件」を通知、婦人会の結成を促している。[11]これらは、文部省としては、「婦人解放が実現し、近く参政権も賦与されるのであるから、なによりもまず、婦人がその意義を理解し、新しい決意のもとにその責任を果たすことのできるような能力を培うことが急務であること、そのためには、よき婦人のリーダーが輩出すべきであること、婦人の間に新しい目覚めた民主的な婦人組織が育つべきである」[12]という観点に立ったものであった。

　しかし、文部省の11月28日の通達には、「施設」は、従来の官製的あるいは軍国主義的色彩を一擲した郷土的な特色を発揮したものにするよう指示しているものの、その運営にあたっては、「我ガ国伝統ノ婦徳ヲ涵養スル」こと、「隣保協愛共存共栄ノ実ヲ挙グルコト」、「国民道義ノ昂揚」に努めることなどの留意事項が示され、また、「顧問ヲ置キ市区町村長、学校教職員、学歴経験者等ヲ委嘱スルコト、特ニ国民学校長ハ常時之ガ指導誘掖ニ努ムルコト」ともされており、[13]戦前の婦人団体の性格を引きずっていた。11月８日の福岡県の通知も、「信和融合ヲ念トシ、一郷一家ノ実ヲ挙ゲルコト」[14]などが指示されていた。

　ＧＨＱとしては、戦時中の婦人団体は総力戦体制に組み込まれ、戦争を支援していたため、日本の非軍事化と民主化を目的とした占領政策においては、戦前の婦徳教育や男性有力者にコントロールされる旧体質の影は排除しなければならなかった。文部省が作成しようとした「婦人団体のつくり方・育て方（案）」は、女性を、自分たちの意思とは関係なく行政区画を単位として網羅的に加入させ、何をすべきかを上から示すもので、婦人団体が政府に統制される危険性があるとして危惧を抱いた。[15]

　ＧＨＱ／ＣＩＥは文部省の婦人団体育成方針に介入し、自ら婦人団体の民主化を始めたのである。ＣＩＥ情報課婦人問題担当官のエセル・ウィード[16]がアメリカを参考に組織・運営の方法を解説した『団体の民主化とは（Democratic Organization）』[17]を作成し、これを使って、地方軍政部の組織が確立した１９４７年ごろから、各地の地方軍政部に婦人問題担当官を配置して指導を行った。[18]１９４８年６月時点の資料では、全国に27人の婦人問題担当官（全員が女性）が配置されている。[19]

　戸畑市の婦人会を指導したのは、『戸畑市史第二集』には福岡県軍政部とあるが、正しくは、県より上位の、九州を管轄する九州地方軍政部[20]（第８地区軍政部）の婦人問題担当官シャーロット・クリストである。北九州市戸畑区婦人会協議会の結成20周年記念誌『20年のあゆみ』には、クリストが示した民主団体についてのパンフレットの写真が収められており、パンフレットの表紙には、「Democratic Organizations_〔下線部原文ママ〕民主的團體」とある。

クリストは、日本での任務を終えて帰国する際に戸畑市を訪ね、「戸畑市の婦人会が特に非民主的であると言うのではなく、地域婦人会のモデルケースとして取上げ」たと語っている。[21] 戸畑が特に指導を受けたことについて、元戸畑区婦人会協議会会長の毛利昭子は、戸畑市には、九州地方の占領任務にあたった第24歩兵師団の師団長の宿舎（北九州の財閥安川大五郎邸を接収。なお、師団本部は小倉市に置かれた）があったためにターゲットにされた、また、安川家の一員である松本健次郎の邸宅（現西日本工業倶楽部）が接収されて将校の集会所となっており、軍政部が頻繁に来戸していたからだとする。[22]

ＣＩＥのウィードは、婦人団体の基本的な考え方として、行政の干渉から自由であることや、婦人問題や身近な生活課題を認識し解決する場とすることなどを掲げている。[23] また、さまざまな団体が並立することで多くの女性指導者を養成する機会にもなり、自分たち自身で、自分自身、自分の家庭、自分の国を民主的に発展させていくように努力してほしいとしている。[24] クリストは、戸畑をモデルケースとして、このようなウィードの理念を指導したと考えられる。前出の毛利昭子は、婦人会の民主化は「下からほんとに盛上がった民主化の要求ではなく、やはり民主主義の押しつけの感じはしましたね。でも、はじめは与えられたものであっても、婦人会員一人一人自分のものにしていったことは確かですよ」と述べている。[25]

また、戸畑婦人会の体質改善がスムーズにできたのは、婦人会の指導者の中に英会話のできる立花富がおり、クリストとのコミュニケーションがうまくいったからだとされる。[26] 立花富は、アメリカの師範学校を卒業しており、結婚後、戸畑に居住した。戦後は、小倉市にある短期大学の教員をつとめている。立花は、中原婦人会の初代会長でもある。[27]

このように、戸畑の婦人会は、市単位の婦人会の下に地区支部ができていったのではなく、まず自主的に地区単位の婦人会が発足して活動し、後にそれらが連携した。つまり、戸畑婦人会は、自立した地域婦人会の連合体であった。

このようなアクターの性格を踏まえ、次に、その取り組みを見ることにしよう。

4　中原婦人会の公害反対運動

中原地区は、戸畑市の東端に位置し、地区のすぐ北側に戦前から発電所が操業していた。この発電所は日本発送電（株）戸畑発電所で、[28] 戦後の電力需要に対応するため、戦争中までに稼働していた6缶のボイラーに加え、１９５０年に2つのボイラーが増設された。[29]

１９５０年、中原婦人会の集まりで、発電所からの降灰が問題になり、「いくら一人一人が不平や文句ばかり云つても何の解決にはならないから、グループにわかれて実態調査をすることになつた。まず、夜になつて睡眠を妨害するほどの騒音（プレツシヤーをさげる）がはげしい時に、ものすごい量の灰が降つてくることを確かめた。さらに実態をつかむため同じ校区内で工場の近くとかなり離れた場所4ケ所を選んで、敷布とワイシヤツの汚れの程度を観察した。ノリづけとノリづけをしないものを3ケ月間昼夜にわたつて屋外に干して調査したところ、ノリをつけないで干したものに比較してノリをつけて干したものは汚染がひどく、いくら洗っても黄色いシミが残り、きれいにならないことがわかつた。工場の近くほど汚染度が高い結果が出た」[30]。

中原婦人会はこの調査結果をもって戸畑市議会に訴え、市議会が動いたのであるが、中原婦人会の調査結果は、いま専門家が検証しても、戸畑発電所が煤塵の発生源であることを科学的に説明できる、正鵠を得た指摘であった[31]。戸畑発電所は、当時、大きく分けて、燃料、ボイラーの仕様、集塵装置の3つの問題があったため、煤塵が多量に発生していたのであった。

まず、発電の燃料について、戸畑発電所では、筑豊の石炭（低品位の微粉炭）と八幡製鉄所でコークス用石炭の選炭過程で排出されるボタ炭を混炭して燃料にしていた。これは、低コストでの発電と、筑豊の低品位炭を消化するためであったが、低品位炭もボタ炭も灰分が多く、燃焼後の灰の量も多かった。

そして、出力増強のために増設した2つのボイラーは、戦中戦後の極端な石炭不足と炭質の低下に対応して、より低品位の燃料に対応する仕様となっていた[32]。また、ボイラーは微粉炭燃焼式という仕様であったが[33]、微粉炭燃焼式ボイラーは低負荷運転の場合、燃焼が不安定になるとされる。電力消費量の少ない夜間は、出力を下げるためにボイラーの圧力を下げ（このときに圧力逃し弁の蒸気噴出の大きな音がしたと考えられる）、そのために不完全燃焼が起き、夜間に降灰が多くなったと考えられる[34]。

集塵装置に関しては、既設の6缶に電気集塵機がとりつけられていたが、電気集塵機は灰分の多い低品位炭を微粉炭燃焼する場合に集塵効率が低下するという欠陥があった[35]。さらに、何より問題なのは、増設された７、８号缶には全く集塵装置がなかったことであった[36]。増設2缶に集塵装置がなかったことについては、戸畑発電所が１９４６年8月にＧＨＱの賠償施設に指定された[37]ことと関係すると思われる。賠償指定された施設は、日本の侵略を受けた国等へ提供されることになっており、７、８号缶は、この賠償指定期間中に増設されていることから、「撤去が予定された賠償施設での増設工事であり、予算的な制約も強いため、集塵装置を省いた状態で設計された可能性がある[38]」。

2つのボイラーはそれぞれ１９５０年1月と4月に使用許可を受けており、2つのボイラーの運転が始まったことで降灰量が急増し、それをきっかけに、婦人会が降灰問題を取り上げたことになる。「当時中原婦人会の会員の中には、発電所の幹部クラスの夫人も多く、会社との関係もあり心配されたが、空気がきれいになることや、子どもや家族の健康にはかえられず、全員積極的に調査活動に参加した[39]」。発電所幹部の妻の参加については、発電所の幹部や技術者は、北九州工業地帯を救うための発電所が自らの家族を含む地域の人々の健康を脅かす光景に、「電気屋として忸怩たる思い」があり、妻の活動を黙認あるいは陰ながら応援していたという見方がある[40]。

中原婦人会は、調査結果をもって１９５１年、市議会に働きかけた[41]。直接交渉しなかったのは、発電所幹部の妻に配慮したと思われる[42]。戸畑市議会の議事録には婦人会からの陳情の記録はなく、5月の臨時議会で中原出身の議員から降灰問題が持ち出されている[43]。婦人会は陳情という形式をとらず、非公式に議員に働きかけたものと思われ、ここにも配慮が窺える。

降灰問題は、市議会でも関心をもち、早急にとりあげられ、市当局とともに、会社との話し合いがもたれた。戸畑発電所は、「外部諸方面から特に早急な設置を強硬に要望されたため、……極めて短期間に対処せざるを得ないとして、別の発電所に設置するために作成中だった集塵装置を、一部改造して設置することになった。[44] 工事は1951年7月に着手され、7、8号缶とも、1952年3月までに竣工した。[45]

このように、中原婦人会は、終戦からわずか5年、結成2年目に、公害反対の活動を展開した。5年前まで、女は「家」を代表する男子に従順であれ、社会的関心を持つことや自己主張をすることは忌むべきことと「婦徳の涵養」を教育されていた女性たちが、自分たちの力で公害の発生源を調査し、議会を動かし、企業に対策を講じさせたのであった。

そして、中原婦人会の取り組みは、戸畑市婦人会の集会でも報告された。1957年、戸畑市中央公民館において、婦人会員800人が参加して、婦人指導者講習会が開かれた。講習会では、市長、教育委員長と、3人の地区婦人会会長[46]が登壇して討論会が行われ、煤煙問題が話し合われた。席上、「家庭の主婦にとって切実な問題だけに行政の無策と立ちおくれを指摘された市長は、婦人会の声を市政に反映させ、工場に対しては集塵装置をつけるように働きかけ、行政の面では、衛生設備や緑化計画、公園設備〔原文ママ、整備〕を早急にして市民の健康を守ることを確約した[47]」。

戸畑市は早速、煤塵測定機を購入し、九州工業大学に委託して1958年5月から市内7か所で降塵量と亜硫酸ガスの測定を始めた。また、中小企業の事業所の集塵設備について、市で補助金を出すことになった。戸畑市の煤塵測定をきっかけに、翌1959年から、北九州5市全体で煤塵測定が行われるようになる。[48] この煤塵測定は後に、科学的なデータとして婦人会の公害反対運動に大きな貢献をすることになる。

しかし、大気汚染は一層深刻になった。中でも、化学工場と隣接する三六地区は、煤塵と悪臭に悩まされた。

5　三六地区の公害と地区住民の公害反対運動

戸畑市三六地区では、八幡製鉄（株）戸畑製造所の敷地内で操業する日鉄化学（株）戸畑工場[49]のピッチコークス炉から漏れる悪臭ガスとカーボンブラック工場から排出される黒煙に悩まされていた。ピッチコークスはアルミニウムの精錬に不可欠の電極材料となる炭素材であり、カーボンブラックは、ゴムに配合して強度と耐摩耗性を高める炭素粒子である。戦前からのピッチコークス事業は、戦後一時は危機的状況にあったが、1950年の朝鮮戦争勃発後、航空機用のアルミニウムの生産が増え、ピッチコークスの需要も増大した。カーボンブラックは1953年[50]から製造され、自動車産業の発展とともに生産が拡大した。

婦人会の記録に「昭和29年八幡製鉄所の西中原社宅の運営委員会の

人たちが日鉄化学（ピッチコークス）の黒い煤について交渉をもったが、その中に当時三六婦人会長の宮本さんが参加[51]」とあり、日鉄化学の公害は、すでに1950年代半ばには問題になっていたことが窺える。1960年の夏には住民の反対運動が活発化、地区自治会と地区婦人会は、工場側に改善を要求するとともに、行政に対して斡旋を依頼した[52]。

1961年、三六公民館で開かれた市政懇談会で、公害への苦情が集中した。当時戸畑市では、市民の声を市政に反映させるために地区公民館で市政懇談会を開いていた。「超満員の会場には、被害を受けて真黒くなり汚れた障子紙、物干、雑布、草などが持ちこまれ、『これでも市長は市民のことを考えているのか』とはげしくつめよる場面もあり、住民の悩みが切実に訴えられた。市長も市民の声に耳を傾け、市民と市当局の話しあいが再度にわたってもたれ、三六地域代表2名、市議会代表、市当局と、東京の日鉄化学本社へ陳情することとなった[53]」。三六の地域代表の1人として三六婦人会長・中州すが子も上京し、障子紙や子どもが鼻をかんだチリ紙を持参して被害の深刻さを訴えた。

陳情を受けて会社は緊急役員会を開き、カーボンブラック工場については、今までの集塵装置の上にさらにジェットスクラバー装置を向こう2か月以内に設置する、ガス集合管がまだ設置されていない炉に早急にガス集合管を取りつけることが約束された。

工場側は、集塵装置の設置やガス漏れの改善を進め、工場自らの煤煙監視員を置くなど対策をとったが、やはり旧型のピッチコークス炉からはガスが漏れ、停電のときは炉のガス抜きや集塵装置が止まって以前と同じ状態になったのであった。

このような状況の中、1963年、三六公民館の婦人学級のテーマに、公害問題を取り上げたのであった。婦人学級は社会教育の一環として女性を対象に公民館で行われる学習活動であり、基本的には婦人会活動とイコールではない。しかし、戸畑市では、小学校区に1館ずつ公民館がつくられており、地区婦人会も小学校区ごとに結成されていたため、実質的に、各公民館の婦人学級は各地区婦人会の学習活動となっていた。戸畑市の公民館施策は、「青空がほしい」運動につながる重要な要因の1つであるので、項を改めて、戸畑市の社会教育と公民館について見ることにしたい。

6　戸畑市の社会教育と公民館

戸畑市は、明治時代、炭鉱経営で財をなした安川敬一郎が巨額の私費を投じて、一般教養に通じた中堅技術者の育成を図るための明治専門学校（現九州工業大学）を創設して以来、教育に熱心な土地柄であった。安川は、戸畑教育界に資金的な協力をしていた。戸畑市は、大正期から市立の実業女学校を持っており、戦前には市立機械工業学校（のち戸畑工業学校）も設置されている[54]。戦後も、教育優先として、厳しい予算の中から学校建築に予算をさいた。

社会教育について見ると、戦前は学校教育の一環として小学校教員が、婦人会や青年団等の指導にあたっていたが、占領政策において、学校教師の教育活動は学校内に限るとして社会教育の指導が停止されたため、社会教育と学校教育を分離せざるを得なくなった。そのため市では、社会教育主事を置くとともに、1949年6月に社会教育法が制定されたのを受けて、1950年秋、25人の社会教育委員を委嘱した。そして、「社会教育活動は社会人自らの活動である。市民各自の生活と生活環境の問題である。その活動は出来るだけ現地で」、「施設よりも先づ活動を、活動を通じて施設を」という方針の下に、1951年、「市内十地区にそれぞれ地区社会教育運営委員会を組織」した。地区社会教育運営委員会は、地域住民で組織する社会教育の振興を図るための委員会で、戸畑市独自の組織である。この地区社会教育運営委員の活動が目覚しく、「一朝にして市社会教育活動に清新の気をもたらす状況となり」、公民館建設の機運が大きく盛り上がった。[55]婦人会も、自分たちの活動の場が必要であるとして「1小学校区に1公民館の建設」を目標に、市と市議会に対して強力な働きかけを行った。[56]

　そして、1952年12月に中央公民館が完成した後、1953年1月の三六公民館から1960年5月の沢見公民館まで、年次計画によって8年をかけて市内のすべての小学校区（この時点で11地区）に公民館が設置された。建設費は、市の財政が逼迫していたので、地区の住民の寄付を主体とし一部を市が補助するという意見もあったが、「社会教育の重要性に鑑み全額市費で建設することに」決まった。[57]用地は、地域の人が集まりやすいように地域の中央に確保した。公民館の運営は、全市的な社会教育活動を行う中央公民館は教育委員会社会教育課に直属したが、地区公民館はそれぞれの地区の社会教育運営委員会によって運営された（管理人は住み込み）。つまり、公民館の、公設・地域運営という戸畑市独自の運営形態がとられた。

　そして、公民館で行われる社会教育の専門的・技術的指導を社会教育主事が行った。社会教育主事は、社会教育課長・井上三郎が、県内各地で活躍している職員をスカウトしてまわった。そのうちの1人が、三六婦人会の婦人学級を担当した林栄代（現ノンフィクション作家・林えいだい）[58]である。実は、井上三郎自身も、1950年に三井郡の小学校長から戸畑市教育委員会へリクルートされていた。井上は、以前に戸畑市の小学校に勤務したことがあり、「戸畑の教育的風土がとても好きだった私は、これまで果たせなかった教育の夢を実現すべく招きに応じた」[59]と述べている。林も、「戸畑は教育理念があった。市民の教育のためにお金を使っていた。学校教育も社会教育も、よい教師・指導者を集め、設備にお金をかけ、よい教育環境がつくられていた。市長も教育に関する見識があり、市民にも教育重視の土壌があった。社会教育主事は新しい独創的な教育活動を行うことができた」という。[60]

　北九州旧5市の中で、八幡市も社会教育の中心施設として公民館に重きを置き、その公民館設置計画は「八幡方式」として全国に知られた。しかし、その八幡市の公民館は中学校区に1館ずつであったが、戸畑市は小学校区に1館の公民館をもっていた。戸畑市の地区婦人会は、それぞれ自分たちの学習と活動の拠点を持っており、加えて、福岡県下から集められた有能な社会教育主事の学習指導を受けることができたのである。

では、三六の婦人学級を見よう。

7　三六婦人会の婦人学級

三六の婦人学級の指導・助言をしたのが、田川郡香春町《かわらまち》から戸畑市にリクルートされた社会教育主事の林栄代である。林は香春町役場で町史編纂の仕事をしていたが、林が書いた社会教育の論文が目に留まり、1962年4月から戸畑市教育委員会に勤務することになった。

林は三六公民館と東戸畑公民館を担当することになり、田川から戸畑市に引っ越して、三六に住んだ。転居してすぐに、「近くの工場から毎日のように、黒い煤、赤い煤などに見舞われる日が始まった」(61)。窓を閉めていても部屋の中は煤でいっぱいになり、子どもは咳を始めた。三六公民館は1961年に改築されたばかりであったが、和室の畳は真っ黒に汚れ、障子は黒くすすけていた。生活環境がこんなに悪いのに、それまでの婦人学級のテーマは衣服や手芸といった内容で、大気汚染や煤煙といった問題が出ていないので、林は、次年度のテーマを決める際、地域の主だった女性に公民館に集まってもらって議論した。会議では、「子どもが気管支ぜんそくで病院通いばかりしており医療費がかさむ」「隣の老人はぜんそくで寝たきり」などの声が出たが、それまで学習計画を立てるときに一度は話題になるのだが、「夫も製鉄、息子も製鉄では、とても…」と立ち消えになっていたこともわかった。しかし、一人の女性が、「まず公害の勉強から始めてはどうか」と発言し、婦人学級で公害学習をすることに決まった。そして、どのような態度で学習するかについて何度も話し合い、①事実を知る、②科学的にものを考える習慣をつける、③生活の範囲で問題をつかむ、の3点をねらいとして、小グループに分かれて役割を分担し、学級生自らが主体者となって自主的な学習を進めることにした(62)。

1963年、最初は新聞の切り抜きから始めた。次に九州工業大学の燃料の専門家である伊木貞雄名誉教授を招いて理論的な勉強をした。過去に中原婦人会がワイシャツや敷布をぶら下げて汚れの調査をしたことに倣って、地域内の3か所にそれぞれ30枚ずつの布をぶら下げて、10日ごとに汚れ具合を調べた。また、どれくらいの降塵量があり、どこの会社のものであるかを調査するために、ワイシャツの空箱を置いてその量を計り、九州工業大学の燃料研究室に出かけて分析した。また、婦人会の会員を対象に、煤煙が日常生活に及ぼす影響や家族の健康状況などについてアンケート調査を行った。

しかし、順調に学習活動が進んだわけではなかった。だんだん欠席者が増え、ついに女性たちは来なくなった。林は夕方の市場に通い、買い物に来る女性たちを待った。林が話しかけると最初は口を濁していた女性たちも次第に、夫の勤める会社や近所との関係など、本音を言うようになった。そこで林は、もう一度みんなで悩みを話し合おうと呼びかけた。その会合の席上、1人が、「夫の職場環境が悪く、夫の健康が心配だ」と言った。その発言をきっかけに、「夫や子どもの健康にはかえられない」という結論に達した。そして、これは運動ではなく学習活動であることを確認して婦人学級は継続することになった。林は、女性たちが来なくなったとき、社会教育がみんなを苦しめるような状況にしてしまったと、このときばかりは挫折感を味わったという。そして、「家族の健康にはかえられない」という女性の言葉に救われたという。[63]

そして、1963年10月、戸畑区婦人会協議会と北九州市教育委員会が共催の「新生活展」[64]において、三六婦人会は共同研究の成果「明るい住みよい町にするための煤塵調査」を発表した。戸畑市婦人会協議会は1953年から戸畑市教育委員会と共催で、戸畑市中央公民館で、婦人会の学習成果を合同で発表する展示会を開いていた。展示会をはじめたころは、廃物利用の更生品や手芸の作品が多く、「考える婦人になるための学習が欠けていた」ため、1959年から「婦人がかかえている問題、地域の生活課題、社会的問題を一年継続して共同研究した後に発表する場」としていた。[65]

三六婦人会の研究報告には、降下煤塵量や大気中の亜硫酸ガスの経年変化、煤塵の性状などのほか、家族の病気、日常生活での支障、転居希望なども報告された。[66]三六婦人会の研究は、テレビ、ラジオ、新聞等で大きくとりあげられ、大きな反響を呼んだ。

三六婦人会は、調査結果をもって日鉄化学に改善を迫った。その結果、北九州市及び福岡県の斡旋により、工場側から、古いピッチコークス炉をすべて新型に改める、停電時にも集塵装置等が停止しないよう予備電力線を引くなどの改善計画が出され、工場側が誠意をもって計画を実施することを条件に、1964年2月、三六住民と日鉄化学が和解した。この和解は、1962年の煤煙規制法に基づく和解ではなかったが、北九州市内における公害紛争に対し、行政の仲介によって企業と住民とが和解にいたった初めてのケースであった。[67]

しかし、日鉄化学以外にも工場は数多くあるため、三六婦人会は、1964年も煤塵調査を継続することにした。今までの調査で不十分な点を補足しながら、特に人体への影響について研究した。九州大学医学部の猿田南海雄教授（衛生学）を招いての事前学習会を行った上で、住民が年間にかかった病気、三六小学校と田川郡の小学校の欠席者数や健康調査の比較、病院をまわっての患者の調査、区内の死亡者数と降塵量・亜硫酸ガス量の調査などを行っている。また、前年のアンケートは婦人会の会員のみであったが、この年は、三六地区の全世帯2500世帯を対象にした。亜硫酸ガスや降塵の量と、児童の病欠、呼吸器系疾患や心臓病の人の死亡は相関関係にあることが明らかにされた。

研究は、何度もマスコミに取り上げられ、高く評価された。北九州市が1965年に策定した「北九州市長期総合計画（マスタープラン）」には、大気汚染の市民の健康への悪影響の論拠に、三六婦人会が行った「純農村と三六小学校の児童の定期健康診断結果の比較研究」があげられているほか、[68]公害対策の1つとして「公害の除去を要求する市民組織の育成強化に努める必要がある。すでに戸畑区三六婦人会が、みずから公害に対する調査を行ない、その調査のうえにたって、公害発生企業にたいして、改善を約束させたような効果もある」[69]と記されている。

共同研究を通して、三六婦人会の女性たちは公害問題を科学的に理解しはじめ、婦人会員の自覚も高まった。人々の意識も変わった。はじめは非協力的であった家族も、お母さんがそれだけやるなら私たちも手伝おうと協力的となった。婦人会活動を旅行や物品販売をするだけの団体として批判的であった人たちの婦人会に対する認識を新たにした。[70]

そして、三六婦人会の共同研究から生まれ、今日まで引き継がれている財産が、「青空がほしい」という言葉である。1964年の新生活展の三六婦人会の展示コーナーに、黒いケント紙をくりぬいて「青空がほしい」という文字が掲げられた[71]。林のアイデアであった。簡潔で、分かりやすく、的を射たこの言葉は、以後、婦人会の公害反対運動のキャッチフレーズとなった。

以上に見てきたように、三六婦人会の煤塵調査は社会教育の学習活動であった。地区ごとに設置された公民館が、地区婦人会の学習の場となった。そして、学習の指導者は福岡県下から集められた優秀な社会教育主事であった。社会教育が果たした役割は大きい。三六地区と日鉄化学との和解は、三六婦人会の研究成果があってこその和解である。

そして1965年、大気汚染は北九州工業地帯全域に広がっている問題であるから、戸畑区婦人会協議会が組織をあげて共同研究しようということになった。

8　戸畑区婦人会協議会の共同研究

1965年、煤塵調査は戸畑区婦人会協議会全体（13地区婦人会、会員総数6900人）の共同研究のテーマとなった。しかし、三六のメンバー以外は公害に対する認識はまだ十分とは言えなかったので、公害問題を全会員一人一人のものにする必要があった。初期の三六のように途中で挫折しないよう、綿密な計画と学習の実行が必要であった。林の提案によって、各地区婦人会から1人ずつ委員を選出して、煤煙問題専門委員会を設けた[72]。専門委員会は、山口県宇部市の公害克服に力を注いだ山口大学医学部の野瀬善勝教授を招いて、宇部市の取り組みや調査方法を学んだ。これをきっかけに、野瀬はその後婦人会が行うデータ分析を指導することになる。

また、地区ごとにグループをつくって調査を分担することになった。そして、調査活動の前に、各地区の公民館で三六のメンバーが講師となって事前学習会を開き、公害の基礎的な知識と活動の進め方について学習した。データ収集グループは市役所に出向き、1959年から5区（旧5市）で測定し始めた月々の降塵量と亜硫酸ガス濃度のデータ、公害白書、県や市の条例などを集めた。データは、専門委員会が野瀬の山口大学公衆衛生学教室に持ち込み、分析の指導を受けた。野瀬の指導は非常に厳しかったという。婦人会だからといってわずかなミスも許さなかった。しかし、山口大学に通うことで女性たちは、溶解性成分と非溶解性成分の計算、大気汚染度の計算を簡単に行い、対数グラフをつくれるようになった。対数グラフの用紙を買いに行った近くの文具店で、「対数グラフの用紙は、九州工業大学の学生しか使わない。婦人会に対数グラフ用紙なんか必要なかろう」と言われたというエピソードもある。

また、別のグループは、区内の全小学校を訪ね、1959年から1965年までの出席簿をめくって月々の病気欠席者の数を調べた。田川郡の農村の小学校の病欠調査も行った。情報は共有され、児童の病欠と大気汚染に関係があるのなら、戸畑区民の死亡原因の調査もしようということになった。別のクループが、保健所で１９５９年以降の戸畑区民の死亡原因別の死亡数を調べた。膨大な作業量は、７０００人近い会員が分担することによって達成できた。また、婦人会の会員全員を対象に、家族の病気、経済的損失、転居希望などのアンケートを行った。

このように各グループが１つ１つの仕事を責任を持って行い、それをみんなで再点検し情報共有していくうちに、各々が思わぬ才能を発揮した。一人一人が自信をつけていき、いろいろな方法を編み出していった。その中のハイライトが、８ミリ映画の作成である。映画作成は当初計画の中に入っていなかったが、公害の実態を写真に記録するグループの中から、「市民にＰＲするのはカラーの８ミリ映画のほうがいいのではないか」という意見が出た。この案は早速専門委員会にかけられ、急仕立ての８ミリ映画作成グループができあがった。ねらいはどこに置くか、どのような台本にするか(73)、撮影は誰が行うか、出演者は、録音は、編集は、とみんなで綿密な打ち合わせをし、役割分担をした。撮影班は、社会教育の視聴覚担当者に撮影技術と編集方法を習い、自宅にある8ミリ撮影機を持ち寄って撮影を行った。

そして、１９６５年秋、文化ホールで、映画「青空がほしい」(29分)の上映会が行われた。徹夜でフィルムの編集とナレーションの録音が行われ、映画が完成したのは、上映会の開始予定時刻を少し過ぎていた。エンドマークが出た瞬間大きな拍手が起こり、鳴りやまなかったという。報道陣も詰めかけ、大きく報道された。また、研究結果の全体は、『1965 第13回新生活展共同研究　青空がほしい』として冊子にまとめられた。

１９６６年度も戸畑区婦人会協議会全体での共同研究は続いた。研究成果は、新聞のコラムに「この種の催しにありがちな上滑りのところがない。……生活に根ざした主婦の素朴な願い、怒りが、……数々の展示物によって、見事に実証されている。どっかと地に足をつけた展示会だ……」(74)と称賛されるなど、高い評価を受けた。戸畑区婦人会協議会は１９６９年まで共同研究を続け、１９６６年以降、各年に『青空がほしいⅡ』から『青空がほしいⅤ』までの報告書をまとめている。

婦人会はマスコミに頻繁に登場し、全国的に報道されるようになり、婦人会の認知度はさらに上った。婦人会は自信をつけ、次第に、研究だけでなく行政や企業に直接的な意思表示をするようになった。１９６７年、市長に対して、公害対策に対する見解を尋ねる質問状を、また、企業に対して、集塵装置及び排水処理施設の設置状況と今後の計画を尋ねる質問状を出した。企業への質問状は、戸畑区だけでなく市内全域の83社に出し、45社から回答を得ている(75)。八幡製鉄からは説明会を開きたいと申し出があり、製鉄所幹部による説明会がもたれた。また、三菱化成黒崎工場からは、説明会開催と工場見学の申し出があった(76)。翌１９６８年には市議会議員・各会派にも公害に対する考え方を質問した。回答を寄せた議員は半数であったが、議員自身が公害発生企業の１つとされる会社と交渉し、企業から対策の回答を得たものもあった[77]。

そして、1970年、公害対策は、国レベルでも市レベルでも大きな転換点を迎えた。日本各地で光化学スモッグが頻発するなど公害問題は深刻な社会問題となった。年末の第64臨時国会は、いわゆる「公害国会」と言われ、14の公害対策関連法が制定あるいは一部改正された。

北九州市は、1970年4月に公害防止条例を制定し、この年を北九州市の「公害対策元年」と位置づけた[78]。翌1971年の市長選挙では、公害問題が最大の争点となった。3期目の当選を果たした谷伍平は、同年6月公害対策局を設置、10月には、前年末の国の公害対策関連法の成立を受けて公害防止条例を全面改正し、規制を強化した。その後北九州市は、公害防止条例に基づき市内企業や市内に立地しようとする企業と次々に公害防止協定を締結し、北九州の環境汚染は大幅に改善されていった[79]。

そして、1990年、北九州市は、国連環境計画（UNEP）から、世界的レベルで環境保全に大きく貢献し賞賛すべき業績を上げた団体におくられる「グローバル500」を日本の団体として初受賞し、1992年にはリオデジャネイロで開かれた国連環境開発会議（地球サミット）で、国連自治体表彰を受賞した。今日、北九州市は、市民と行政、企業が一体となって公害を克服した環境先進都市として世界の注目を浴びている。

9　おわりに――まとめ

まとめとして、北九州の公害行政を動かした戸畑婦人会の活動を、主因（アクターとしての戸畑婦人会）、素因（公害の状況）、誘因（引き金）に着目しながら総括することにしたい。

まず、中原婦人会の公害反対運動はアクターの果たした役割が大きかった。発電所は燃料に灰分の多い低品位炭を使用しており、発電所に隣接する中原地区は以前から降灰に見舞われていたと思われる（素因）。戦後復興期、電力需要が高まり、1950年、集塵装置のついていないボイラーが稼動し始めたことで、一層大量の降灰が始まったことが誘因である。このとき、女性たちは、自ら調査をし、最も効果的な方法で発電所に改善を申し入れる力を持っていた。

三六婦人会の活動は、何より、三六地区の住環境が極めて劣悪であったこと（素因）があげられる。化学工場から出る黒い煤と悪臭のため、三六地区の1つの町内会は97%の住民が移転を希望するほどであった。そのようなとき、林栄代が、戸畑市教育委員会に社会教育主事として着任し、三六公民館の婦人学級を担当したことが誘因である。林は、空気のきれいな田川郡から引っ越し、三六に住んだのであった。林は、その鋭い問題意識と卓越した指導力で、婦人会の女性たちの公害学習を誘導した。三六婦人会の公害への取り組みは、社会教育主事・林栄代の指導があったからこそ結実したと言える。しかし、三六婦人会も自分たちの意思を表示することのできる団体であった。企業に対して異議を唱えられるだけの距離感があったとも言える。なぜなら、三六婦人会が活動拠点とした三六公民館は、1961年の改築の際に日鉄化学から寄付金を受けているが、そこから公害学習が始まっているのである。

そして、1965年からの「青空がほしい」運動は、アクターの力が大きいことがわかる。ころがり始めたボールが加速していくように戸畑婦人会の活動がエンパワーしていった。「青空がほしい運動」は、アクターが全域をカバーする戸畑区婦人会協議会へと拡大したが、組織が大規模になったことで個人個人の当事者意識が希薄になったのではなく、数の力を、作業を分担して大量・多様なデータを分析することや、映画作成というアイデアや才能を出し合うというプラスの方向に持っていくことができた。また、企業や行政に対しても意思表示をするようになり、それは単に意思表示をするにとどまらず、企業や行政の公害への取組みを牽引する力となっていった。

なぜ婦人会がやれたのかという点については、婦人会が家庭の主婦で構成され、地縁で結ばれた団体であるからであろう。活動の目的が「家族の健康」という主婦の最も重要な関心事にフォーカスされたことによって、地縁団体であった故にその網羅性のために地域の総意を形成することができ、行政や企業に圧力をかけることができた。現在のNPO活動の課題の1つに面的な広がりの難しさということがあるが、婦人会はもともと面的な広がりをもった団体であったために、目的をもつことで、地縁団体としての力を発揮できたと言える。

そして、特筆しなければならないのは、中原婦人会も、三六婦人会も、企業に対して設備改善の要求は行ったが、金銭的補償を求めなかったことである。女性たちの願いは、「青い空」と「家族の健康」を取り戻すことであった。このことは結果的に、企業と対立関係にならなかっただけでなく、公害対策技術の開発などの技術革新につながっていった。

戸畑区婦人会協議会会長の今村千代子は、活動最終年の報告書で「戸畑婦人会の強さは、イデオロギーとか実力行使で会社へ何かを要求しようとか闘争の手段にすることでなく、家庭婦人が、家族の健康のために立ち上った1人2人でない、団体が組織の総力をあげて仕事の分担をして、学習し、調査し、を繰返し、行政へ、企業へ、議員へと働きかけているその活動が、どこにもないことである、……科学者でもないものゝ、……少しづゝの力でたゆまなくやれゝば大きな組織の底力となる[80]」と述べている。

今村の言葉は、まさに、戸畑婦人会が北九州市の公害克服の歴史を動かすアクターとなり得た力を端的に表している。公害に対する国の政策さえまだ確立していない時期に、自分たちが自ら立ち上がり、地域のコンセンサスを形成し、行政や企業の取り組みを促した戸畑婦人会の活動の歴史に学ぶことは大きい。

［謝辞］本稿執筆にあたり、ノンフィクション作家・林えいだい氏は、執筆活動の時間を割いて快くインタビューに応じてくださり、当時の貴重な話を直接伺うことができました。心からお礼申し上げます。元北九州市議会議員木下憲定氏からは、戸畑の歴史、教育、人々の生活など、戸畑市に関することを1つ1つ何度もお教えいただきました。お話は貴重なオーラル・ヒストリーです。ありがとうございました。また、情報の提供をいただいた元北九

州市教育委員会林田伸一氏に心からお礼を申し上げます。そして、北九州工業高等専門学校生産デザイン工学科教授加島篤氏からは、戸畑発電所の歴史、当時の電気事情、発電ボイラーや集塵機の仕組みなど、懇切丁寧なご教授をいただきました。心からお礼申し上げます。

【注】

（1）北九州市産業史・公害対策史・土木史編集委員会公害対策史部会編（１９９８）『北九州市公害対策史』、同（１９９８）『北九州市公害対策史解析編』北九州市、北九州市女性史編纂実行委員会ほか編（２００５）『北九州市女性の１００年史　女の軌跡・北九州』ドメス出版、北九州市環境首都研究会編（２００８）『環境首都―北九州』日刊工業新聞社、宮本憲一（２０１４）『戦後日本公害史論』岩波書店など。なお、Kitakyushu Forum on Asian Women から外国人の研修用に Eidai Hayashi (1995) *"Women and the Environment"* が発行されている。

（2）但し、前掲『北九州市公害対策史解析編』は、「婦人会が学習活動で得た知識が、公害の実態を理解し企業の圧力に屈せずに運動を進める力になった。識字率が低い国では……困難であろう」と初等中等教育の重要性を指摘している。

（3）新日本製鐵株式会社八幡製鐵所総務部編（１９８０）『八幡製鐵所小史80年』。なお、本稿では、参考資料の多くに「八幡製鐵所」や「日鐵」が「八幡製鉄所」「日鉄」とされているため、引用箇所以外は「鐵」は「鉄」を使用することにする。

（4）戸畑市役所編（１９６１）『戸畑市史第二集』１０８４頁。

（5）ＧＨＱは、ＧＨＱが日本政府に発した指令が地方行政機関の末端まで忠実に履行されているかをチェックするために、地方軍政部を設置して地方の状況を監視した。軍政部の総括は第８軍軍政本部で、その下に２つの軍団軍政本部が置かれ、さらにその下に、九州や四国といった地区を管轄する８つの地区軍政部が、そして末端に45の都道府県軍政部が置かれていた。

（6）北九州市戸畑区婦人会協議会（１９７０）『20年のあゆみ』６頁。

（7）前掲『戸畑市史第二集』１０８４頁。

（8）ＣＩＥ：Civil Information and Education Section（民間情報教育局）は、ＧＨＱの幕僚部の１つ。教育及び文化に関する諸改革を指導・監督した。

（9）国立教育研究所編（１９７４）『日本近代教育百年史　第八巻　社会教育２』１０９８－１０９９頁参照。文部省はこの間を、国の婦人教育行政の「空白期」ととらえている（婦人教育のあゆみ研究会（１９９１）『自分史としての婦人教育』ドメス出版、３３７頁）。

（10）11月24日通達の婦人教養施設は母親学級と家庭教育指定市区町村を婦人教養施設として設定し、28日通達の教養施設が、婦人団体である。前掲『自分史としての婦人教育』所収の前田美稲子「昭和二〇年代の婦人のための学級講座」参照。

（11）福岡市編（１９８４）『福岡市史　昭和編資料集・後編』６２８－６２９頁参照。

（12）前掲『自分史としての婦人教育』３３８頁。

（13）三井為友編（１９７７）『日本婦人問題資料集成第四巻教育』８９８－８９９頁。

（14）前掲『福岡市史　昭和編資料集・後編』６２８－６２９頁。

（15）上村千賀子（１９９１）『占領政策と婦人教育―女性情報担当官Ｅ・ウィードがめざしたものと軌跡』日本女子社会教育会、７頁。

（16）ウィードとウィードの活動については、上村千賀子（２００７）『女性解放をめぐる占領政策』で詳細な研究が行われているので参照されたい。

（17）連合軍総司令部民間情報教育部編（１９４６）『団体の民主化とは』社会教育連合会を参照。これにより、文部省の「婦人団体のつくり方・育て方」（案）は廃案になった。

(18) 四国地方軍政部に配属されたカルメン・ジョンソンの著書『占領日記—草の根の女たち』には、四国での活動の様子が詳細に描かれている。
(19) 前掲『女性解放をめぐる占領政策』218頁。
(20) 前掲『女性解放をめぐる占領政策』219頁、表10-1。
(21) 北九州市戸畑区婦人会協議会（1990）『40年のあゆみ』36頁。
(22) 筆者の毛利昭子氏へのインタビュー（2000年6月23日）及び前掲『40年のあゆみ』6頁。
(23) 前掲『占領政策と婦人教育—女性情報担当官E・ウィードがめざしたものと軌跡』18-19頁。
(24) 「婦人團體に就て—ウキード中尉に訊く」、社会教育連合会編（1946）『教育と社会』1巻5号、28-34頁。
(25) 林栄代（1971）『八幡の公害』朝日新聞社、96頁。
(26) 同上。
(27) 立花は、1951年には戸畑市婦人会協議会の2代目会長に就任しており、また、1952年には婦人会の推薦で、公選の教育委員に選出されている（前掲『20年のあゆみ』7-8頁、19頁）。
(28) 1936年に西部共同火力発電（株）が設立され、翌1937年から発電を開始した。その後、1939年に日本発送電（株）に引き継がれた。日本発送電（株）は、経済集中を排除する占領政策によって分割され、1951年には九州電力（株）となった（九州電力株式会社戸畑発電所編（1964）『戸畑発電所史』5頁）。
(29) 増設の経緯などを含め戸畑発電所に関しては、加島篤（2016）「電源周波数統一までの北九州重工業地帯の電力事情と戸畑火力発電所の役割」、『北九州工業高等専門学校研究報告第49号』に詳細にまとめられている。
(30) 北九州市戸畑区婦人会協議会（1966）『青空がほしいII』111頁。
(31) 戸畑発電所に関する技術的な分析については、前掲加島篤（2016）を参照、引用した。
(32) 加島篤（2016）24頁。
(33) 『日本發送電社史（技術編）』（1954）附録37頁。
(34) 加島篤（2016）30頁。
(35) 加島篤（2016）29頁。
(36) 九州電力株式会社戸畑発電所小林精編（1954）『十五年史』66頁。
(37) 前掲『戸畑発電所史』5頁。GHQは、日本が侵略した国などに賠償金のかわりにその設備等を提供するよう、航空機、造船、鉄鋼、苛性ソーダ、火力発電所などの工場を賠償指定した。なお、戸畑発電所の賠償指定は1952年4月に解除された。
(38) 加島篤（2016）29頁。
(39) 前掲『青空がほしいII』111頁。
(40) 加島篤（2016）30頁。
(41) 前掲『青空がほしいII』111頁。
(42) 前掲『北九州市公害対策史解析編』199頁、加島篤（2016）30頁。
(43) 戸畑市議會事務局『昭和二十六年臨時會　戸畑市議會々議録』（5月25日）。
(44) 前掲『十五年史』66-67頁。このとき、戸畑発電所と小倉発電所のボイラーに、およそ9000万円をかけて集塵装置が設置された（前掲『青空がほしいII』111頁）。
(45) なお、その後、九州電力は新しく小倉北区に発電所を建設し、戸畑発電所は1964年に廃止された。
(46) 3人は、戸畑市婦人会協議会会長で南沢見婦人会会長の小倉信子、中原婦人会会長の毛利昭子、三六婦人会会長の宮本いさをの3氏であった。
(47) 前掲『青空がほしいII』112頁。
(48) 前掲『北九州市公害対策史』11頁。
(49) 日鉄化学工業（株）戸畑工場は、日本ピッチコークス工業（株）戸畑工場として1943年6月に操業を開始した工場である（日本製鉄戸畑工場内に、日本製鉄によって建設された）。日本ピッチコークス（株）は、１９４９年に日鉄化学工業（株）と改称した。北九州市産業史・公害対策史・土木史編集委員会産業史部会編（１９９８）『北九州市産業史』１３９頁。

(50) 前掲『北九州市産業史』では、カーボンブラック工場の操業開始は１９５２年９月１日となっているが（１５６頁）、日鉄化学が作成した自社のパンフレット『日鉄化学』には「カーボンブラックについては、昭和28年から製造に着手しました」（２頁）とあるので１９５３年とした。

(51) 北九州市戸畑区婦人会協議会（１９６５）『青空がほしい』４頁。

(52) 前掲『北九州市公害対策史』11頁、１２５頁。

(53) 前掲『青空がほしいⅡ』１１２頁。

(54) 安川敬一郎の死去の際、優秀な技術者を養成するための実業教育奨励資金として香典返しの寄付を行い、後に三男死去の際も同様の香典返しの寄付を行ったので、これをもとに、１９３９年、戸畑機械工業学校が設立された。

(55) 前掲『戸畑市史第二集』１０６９-１０７０頁。

(56) 北九州市戸畑区婦人会協議会（２０００）『50年のあゆみ』６頁。

(57) 前掲『戸畑市史第二集』１０７３頁。なお、戸畑区婦人会協議会発行の『20年のあゆみ　結成20周年記念』には、１９５３年、「婦人会を中心に各地区で公民館建設運動はもりあがり、その一部建設費の地元募金が始まった」とある（９頁）。

(58) 本名は林栄代（はやししげのり）。「林えいだい」はペンネーム。

(59) 前掲『50年のあゆみ』６頁。

(60) 筆者の林えいだい氏へのインタビュー（２０１４年10月16日）。

(61) 林えいだい（１９６８）『これが公害だ　子どもに残す遺産はなにか　林えいだい写真集』。

(62) 前掲『八幡の公害』46-50頁。

(63) 筆者の林えいだい氏へのインタビュー（２０１４年10月16日）。

(64) 戸畑市婦人会協議会では、１９５３年から文化行事として「創作品展」、「作品展」を開催し、会員が作成した手芸などの作品展示を行っていたが、政府が１９５５年に新生活運動協会を設立して、それまで行われていた生活改善運動を、新生活運動（生活を高め、幸福な暮しのできる家庭、社会、国家を築くために、地域や職域で、共同して生活を改善し、因習を打破し、物質的にも精神的にも豊かな生活を打ち立てようという運動）として推進することを奨励したためと思われるが、１９５５年から「新生活展」と名称が変更されている。さらに、１９５９年からの「新生活展」では、作品展示に加えて共同研究の発表が行われるようになった。

(65) 前掲『八幡の公害』96頁。なお、同書96頁には、１９５９年に「新生活展」と名称を変えたとしているが、北九州市戸畑区婦人会協議会の周年誌によると、「新生活展」と名称を変更したのは１９５５年で、作品展に加えて共同研究の発表が行われるようになったのが１９５９年である。

(66) 北九州市教育委員会戸畑支所社会教育課（１９６４）『第11回新生活展資料』39-47頁。

(67) 前掲『北九州市公害対策史解析編』40頁、前掲『北九州市公害対策史』15頁、１２６頁。

(68) 北九州市（１９６５）『北九州市長期総合計画』99頁。

(69) 前掲『北九州市長期総合計画』97頁。

(70) 前掲『青空がほしいⅡ』１１４頁、１１６頁。

(71) 林えいだい（１９６８）の中に、毛利昭子が寄せた文章。

(72) 専門委員会の名称は、後の資料では「公害問題専門委員会」となっているが、戸畑区婦人会協議会の『青空がほしい』（１９６５年）及び『青空がほしいⅡ』（１９６６年）では「煤煙問題専門委員会」となっているので、同時代史料に従って「煤煙問題専門委員会」とした。

(73) 台本は、林えいだいが書いた。林は、学生時代、劇作家・菊田一夫の事務所で、放送時間には銭湯の女湯が空になったというラジオドラマ「君の名は」の台本のガリ版書きのアルバイトをしていたので、シナリオ作成の知識があり、婦人会から依頼された（林えいだい氏へのインタビュー、２０１４年10月16日）。

(74)　前掲『八幡の公害』１９６頁。

(75)　北九州市戸畑区婦人会協議会（１９６８）『青空がほしいⅣ』１４０‐１４７頁。

(76)　前掲『青空がほしいⅣ』１４０頁。

(77)　前掲『青空がほしいⅣ』60頁。

(78)　前掲『『北九州市公害対策史解析編』２３２頁。１９６７年の選挙で谷伍平は初当選を飾るが、そのときは、公害対策は交通事故防止と並ぶ第３順位であった。対立候補は公害対策を公約に入れていなかった。１９７１年選挙では、谷は公害対策を公約の第１順位に置いた。

(79)　前掲『公害行政の歩み―公害対策局設置10周年にあたって』27‐33頁。

(80)　北九州市戸畑区婦人会協議会（１９６９）『青空がほしいⅤ』45頁。

【参考文献】

上村千賀子（１９９１）『占領政策と婦人教育―女性情報担当官Ｅ・ウィードがめざしたものと軌跡』日本女子社会教育会

――（２００７）『女性解放をめぐる占領政策』勁草書房

加島篤（２０１６）「電源周波数統一までの北九州重工業地帯の電力事情と戸畑火力発電所の役割」『北九州工業高等専門学校研究報告第49号』

カルメン・ジョンソン著、池川順子訳（１９８６）『占領日記―草の根の女たち』ドメス出版

北九州市（１９６５）『北九州市長期総合計画』

北九州市教育委員会戸畑支所社会教育課（１９６４）『第11回新生活展資料』

――（１９６５）『第12回新生活展資料』

北九州市産業史・公害対策史・土木史編集委員会公害対策史部会編（１９９８）『北九州市公害対策史』

――（１９９８）『北九州市公害対策史解析編』

北九州市産業史・公害対策史・土木史編集委員会産業史部会編（１９９８）『北九州市産業史』

北九州市女性史編纂実行委員会ほか編（２００５）『北九州市女性の１００年史　おんなの軌跡・北九州』

北九州市戸畑区婦人会協議会（１９６５）『青空がほしい』

――（１９６６）『青空がほしいⅡ』

――（１９６７）『青空がほしいⅢ』

――（１９６８）『青空がほしいⅣ』

――（１９６９）『青空がほしいⅤ』

――（１９７０）『２０年のあゆみ　結成20周年記念』

――（１９８０）『婦人会のあゆみ　30周年記念誌』

――（１９９０）『40年のあゆみ』

――（２０００）『五十年のあゆみ』

九州電力株式会社戸畑発電所編（１９６４）『戸畑発電所史』

九州電力株式会社戸畑発電所小林精編（１９５４）『十五年史』

国立教育研究所編（１９７４）『日本近代教育百年史　第八巻　社会教育２』教育研究振興会

三六市民センター会館60周年記念事業実行委員会（２０１３）『北九州市立三六市民センター会館60周年記念誌』

社会教育連合会編（１９４６）『教育と社会』１巻５号

新日本製鐵株式会社八幡製鉄所総務部編（１９８０）『八幡製鉄所小史80年』

戸畑市役所編（１９６１）『戸畑市史第二集』

中原婦人会（２０００）『50周年　中原婦人会』

『日本發送電社史（技術編）』（１９５４）日本發送電株式會社解散記念事業委員會

林えいだい（１９６８）『これが公害だ　子どもに残す遺産はなにか』北九州青年会議所

林栄代（１９７１）『八幡の公害』朝日新聞社
福岡市編（１９８４）『福岡市史　昭和編資料集・後編』
婦人教育のあゆみ研究会（１９９１）『自分史としての婦人教育』ドメス出版
三井為友編（１９７７）『日本婦人問題資料集成　第四巻　教育』ドメス出版
宮本憲一（２０１４）『戦後日本公害史論』岩波書店
『八幡製鐵所五十年誌』（１９５０）八幡製鐵株式會社八幡製鐵所
連合軍総司令部民間情報教育部編（１９４６）『団体の民主化とは』社会教育連合会
Hayashi, Eidai (1995) "*Women and the Environment*" Kitakyushu Forum on Asian Women
ＤＶＤ『青空がほしい』日本語版、英語版、（公財）アジア女性交流・研究フォーラム所蔵

【初出について】『アジア女性研究』第25号（公益財団法人アジア女性交流・研究フォーラム発行、二〇一六年三月）に初出掲載されたものを、著者と公益財団法人アジア女性交流・研究フォーラムのご同意を得て、本書「解説」として転載させていただきました。［編集部］

写真資料補遺

青空をとりもどすまで

以下では、初版に収めきれなかった写真や、戸畑婦人会の活動の社会的反響を示す新聞記事などによって、「青空がほしい」運動の経過および北九州市の大気・水質が浄化されるまでの過程をたどります。特に撮影者・提供者の記載のない写真はすべて著者が撮影したものです。

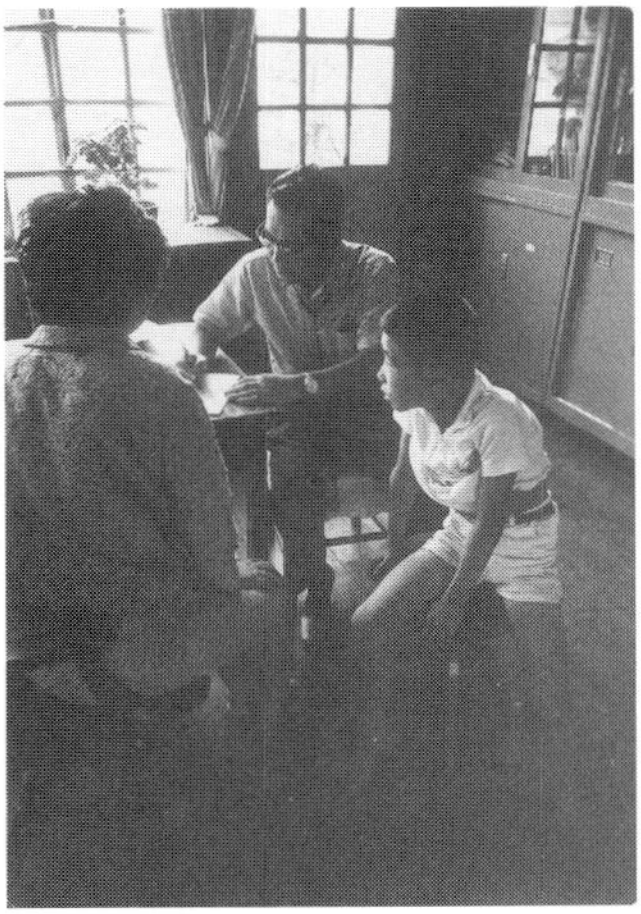

上：教室に設置された空気清浄機のフィルタを洗う子どもたち
下左：床も窓も，毎日拭き掃除をしてもあっというまに汚れる
下右：子どもたちの健康が気づかわれる

1965年，山口大学の野瀬善勝教授を招いて講演が行われた。婦人会はその後，地元での測定結果を持って山口大公衆衛生学教室に通い，教授の指導でデータ分析を行う

青空がほしい

＝8ミリ映画＝

公害防止訴える

21日発表 戸畑のママさんら製作

北九州市戸畑区の主婦団体、区婦人会協議会（今村千代子会長、会員六千人）は、大気汚染の恐ろしさを訴える総天然色の八ミリ啓発映画〝青空がほしい〟（上映時間三十分）を製作するとともに、大気汚染と学童の欠席率、死亡率との関係などを調べていたが、このほどまとまり、十九日、関係者を集めて映画の試写会を行なった。映画と調査データは、二十一日から戸畑文化ホールで開く区新生活展で、共同研究〝大気汚染の人体影響〟と一緒に発表するが、ママさんが作った公害映画は全国でも珍しく、話題を呼んでいる。

戸畑区は、市内でもばい煙、亜硫酸ガスの多いところ。ばい煙規制法は九月一日から全面実施になったが、煙はあいかわらず多く、アンケート調査をしたところ洗たく代、洗濯回数などがほかの地区にくらべ多いほか、植物が枯れやすく呼吸器系統の病気が異常に多いことがわかった。

映画は、区内のある主婦が主人公。公民館の婦人学級で、大気汚染の話を聞いて、市内を見て回る。その結果、市民の生活がいかに大気汚染で毒されているかに目ざめるストーリー。枯れた植物や腐食した金属、せき込むぜんそく患者などを通じて大気汚染の恐ろしさを色彩あざやかに生々しくとらえており、市教委戸畑支所社会教育課では「素人の作品とは思えない力作」と激賞している。

脚本、撮影、録音、編集とも主婦たちが公民館の社会教育主事の協力で進め、ママさんたちは子供を学校に送り出すと8ミリ映写機を持ち寄り、市内をくまなく回って作った。

新生活展は二十三日まで。同婦人会が行なった「大気汚染の人体影響調査」の結果も発表される。

会員の一人佐藤美代子さんの話 市や県だけにまかせておいても青空はかえらない。忙しいけれどみんな自分の問題としてがんばりました。

「青空がほしい」8ミリ映画試写会の準備（戸畑文化ホールで）

上：1965年秋，8ミリ記録映画「青空がほしい」の上映会が戸畑文化ホールで行われた。映画は現在，北九州市立環境ミュージアムで閲覧できる

下：上映会の様子を報じた新聞記事（『毎日新聞』1965年10月19日）

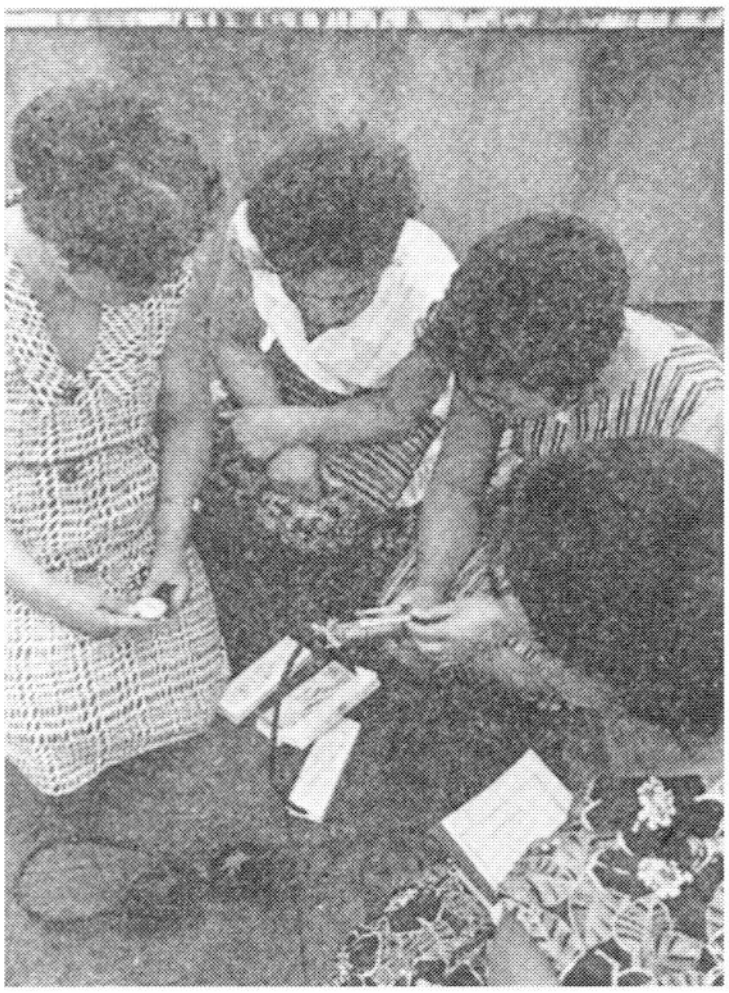

上：市の公害研究所で汚染物質の測定を見学する女性たち（1966年）
下：小芝アパートの屋上で一酸化炭素を測定（1966年７月）

上：三菱化成黒崎工場にて，集塵装置の設置状況を視察（1967年7月）
下：八幡製鐵に出向き，企業代表と交渉する婦人会の専門委員たち（1967年8月）

焦点盲点

ばい煙追放

取り組む婦人会

地に足つけた展示会

にじみ出る解決への努力

二十一日から戸畑文化ホールで戸畑区婦人会協議会主催の第十四回 新生活展が 開かれている。はいってみて強い感銘を受けた。

まず、この種の催しにありがちな上すべりなところがない。「ばい煙はもうごめんだ」という生活に根ざした主婦の素朴な願い、怒りが、真っ黒に汚れた洗たく物、公害を訴える五千枚ものアンケート回答などかずかずの展示物によってみごとに実証されている。どっかと地に足をつけた展示会だ。"黒い霧なくして干そう白いシャツ"——会場に張られた一主婦の句が展示会の主張をずばりと表現している。

上：婦人会は毎年秋に開催される「新生活展」で，公害研究の成果を発表し続けた（1965年11月）

下：「新生活展」を見た記者が，「地に足つけた活動」と感銘を記した新聞のコラム記事（『西日本新聞』1967年10月24日）

上：RKB 毎日放送の取材を受ける婦人会の専門委員たち（1967年）

中：NHK「スタジオ102」に出演（戸畑区三六公民館にて，1966年6月）

下：1970年初夏，著者は小倉区役所前の路上で公害写真展を開催した（5月30日～6月4日）。4日目，三六婦人会のメンバーたちが応援にかけつけ，行き交う人々に署名を呼びかけはじめる。自ら立ち上がった経験をもつ女性たちの訴えに，署名運動をかねた写真展は次第に熱気を帯びていった

公害克服「市民力の証し」

運動半世紀の戸畑区婦人会協議会

米環境保護庁から表彰

米国環境保護庁は2日、北九州市で半世紀前から公害反対運動に取り組んできた戸畑区婦人会協議会（加藤美佐子会長）に、活動をたたえる盾を贈った。主婦たちが立ち上がって行政や企業を動かし、公害克服の原動力となったことにジーナ・マッカーシー長官が感銘。「北九州市の環境運動は、地域活動の大切さを力強く物語っている。小さな運動が大きな変化を生んだ一例です」とのビデオメッセージを寄せた。

在福岡米国領事館のユーリー・フェッジキフ首席領事(38)がこの日、長官の代理で市役所を訪問。「50年にわたる努力を表彰します。北九州市再生は世界をより良く変えるために団結した市民力の証しです」と英文で記された盾を、活動の中心となった同協議会中原地区婦人会の佐藤妙子会長(73)に手渡した。

同市の公害反対運動は1950年代に旧戸畑市の婦人会が声を上げ、北九州市発足後に引き継いだ協議会が65年、記録映画「青空がほしい」を製作。行政や企業を動かし、官民一体で大気や水質汚染改善に取り組む契機となったとされる。

首席領事によると、長官が8月に市を訪れ、盾を渡す予定だったが、台風15号の影響で中止され、代理授与になった。佐藤会長は「先人が築いた公害克服の礎は後世に残る偉業と自負している。再び評価され、この上ない喜び」と話した。

「青空がほしい」は5日午後1時から小倉北区の北九州国際会議場であるタカミヤ・マリバー環境保護シンポジウムで上映。公害克服の歴史を振り返る北九州市立大生の研究発表もある。入場無料。事務局＝093（661）3194。

（野村創）

ユーリー・フェッジキフ在福岡米国領事館首席領事から盾を受け取る中原地区婦人会の佐藤妙子会長（右）

2015年12月，戸畑区婦人会協議会は，半世紀にわたる公害克服への取り組みを讃えられ，アメリカ環境保護庁から表彰された（『西日本新聞』2015年12月３日）

戸畑区や八幡区で公害の実態を撮影する著者（次ページ上も。いずれも1967年ごろ，戸畑婦人会の活動に注目し，取材に訪れた新聞社もしくはテレビ局の記者が撮影したもの）

下左：本書初版表紙（北九州青年会議所，1968年）
下右：「青空がほしい」運動に関わった体験を綴った『八幡の公害』表紙（朝日新聞社，1971年）

上：1960年代，「死の海」と呼ばれたころの洞海湾
中・下：市民・行政・研究機関・企業が一体となって環境浄化に取り組み，みごとに再生した現在の北九州の海と水辺（以上 北九州市環境局環境学習課提供）

主宰する「ありらん文庫」にて 著者近影
（2017年２月 撮影：佐々木亮）

海と空、青のほかはなく――後記にかえて

森川登美江

「林えいだいさんの処女作『これが公害だ――子どもに残す遺産はなにか』は、日本の公害反対運動の原点だと思う。ぜひ復刻したいので援助してもらえませんか」という電話を新評論の吉住さんから受けて、私がすぐ承諾したのは私自身も北九州の公害を実体験していたからである。私は中国語を学ぶため昭和三九（一九六四）年、北九州市立大学に入学した。その時、北九州の空がいつもどんよりと曇っていることに気づいて愕然とし、洞海湾の汚染には眼を覆いたくなった。佐世保の美しい九十九島国立公園で育った私にとって、海と空は青以外の何物でもなかったからだ。

林さんに初めて会ったのは、彼が小倉区役所前の路上で公害写真展を開いていた時だった。電線にうず高く積もっている煤の写真を見て「すごいですね」と言うと、彼は「そうなんですよ」と辛そうな顔をした。一九七一年に朝日新聞社から出版された『八幡の公害』の中にこの路上写真展のことが触れられ、「女子大生とも話した」とあるが、多分、私のことではないかと思う。

再会したのは彼が筑豊に「ありらん文庫」を開設した直後で、それから時々取材に同行したり、原稿に眼を通したりという関係が続いている。

執筆中の彼には鬼気迫るものがある。癌と闘いつつ、動かない指にセロテープで愛用の万年筆をくくりつけ「これを書き上げないと死ねない」と言いながら日夜机に向っている。少しでも疑問があると再取材にすっ飛んでいくので、取材費が膨大な割りに本は売れないのが悩みであるが、すでに谷中村の鉱害反対闘争に身を捧げた田中正造の「辛酸、佳境に入る」の心境なのかも知れない。

中国では今、大気汚染がひどく各地で大問題になっている。利益優先で公害対策がなおざりにされているせいである。中国と至近距離にある日本にとっても他人事ではない。今回の新評論の本書復刻の英断が、もう一度とりわけ日中両国の公害問題を振り返る契機になってくれることを切に祈っている。

現在、えいだいさんの意志を継承するために〈林えいだい賞〉の準備を進めているところで、来年(二〇一八年)四月に創設する予定である。多数の応募があることを期待している。

なお、私が二〇一六年夏、福岡市中央区梅光園にオープンした福岡アジア文化センターには「林えいだいコーナー」を設けているので、見に来ていただければと思う。

本書は、一九六八年に井生菊雄氏が制作・印刷を手がけ、北九州青年会議所から刊行された『林えいだい写真集　これが公害だ――子どもに残す遺産はなにか』の復刻版です。復刻にあたって、一部の写真は北九州市環境局の承認を得て北九州市立環境ミュージアムに保管されている著者撮影の紙焼きをお借りし、新たに版をおこしましたが、一部はフィルム・紙焼きともに現存せず、原本から複写いたしました。

復刻版寄稿者紹介

西嶋真司（にしじま・しんじ）【復刻によせて—林えいだいの原点】福岡県福岡市出身。RKB毎日放送株式会社制作部門のディレクターとして，「共生～朝鮮学校を知っていますか」（2003年），「コタ・バル～伝えられなかった戦争」（2011年），「カンテラさげて～遠い日の炭鉱唄」（2012年），「嗣治からの手紙～画家は，なぜ戦争を描いたのか（2014年）などのドキュメンタリー番組を製作。2016年，映画『抗い　記録作家・林えいだい』（制作・配給：グループ現代，製作・著作：RKB 毎日放送）を監督。

神﨑智子（かんざき・さとこ）【解説　北九州の公害克服の歴史を動かした戸畑婦人会の活動】福岡県築城町（現築上町）出身。公益財団法人アジア女性交流・研究フォーラム主席研究員。博士（法学，九州大学）。女性政策，ジェンダー論，法女性学，女性団体，町内会・地域コミュニティを研究分野とする。著書に『戦後日本女性政策史』（明石書店，2009年），『北九州市女性の100年史』（共著，ドメス出版，2005年）など。

森川登美江（もりかわ・とみえ）【海と空，青のほかはなく—後記にかえて】長崎県佐世保市出身。大分大学名誉教授。専門は中国文学，アジア学。北九州大学外国語学部中国語学科卒，九州大学大学院文学研究科博士課程単位取得退学。福岡県を中心に近隣の主要大学の非常勤講師を務めたのち，大分大学経済学部教授。福岡アジア文化センター（http://fuk-acc.com/）主宰。日中友好協会大分支部長。混声合唱組曲『悪魔の飽食』（森村誠一原詩，池部晋一郎作曲）福岡合唱団団長。共訳書に楊義・張中良・中井政喜著『二十世紀中国文学図志』（学術出版会，2009年）など。

【協力】
福岡アジア文化センター
公益財団法人アジア女性交流・研究フォーラム

著者紹介

林《はやし》えいだい

1933年12月4日福岡県香春町生まれ。記録作家。ありらん文庫主宰。
早稲田大学文学部中退後, 故郷に戻り香春町教育委員会に勤務。1962年, 戸畑市教育委員会に赴任, 三六地区および東戸畑地区の公民館で婦人学級を担当し「青空がほしい」運動にかかわる。70年, 作家専業となる。
以後, 徹底した聞き取り調査で, 公害, 朝鮮人強制連行, 差別, 特攻隊など民衆を苦しめた歴史の闇を暴きつづけている。1967年読売教育賞, 1969年朝日・明るい社会賞, 1990年青丘出版文化賞, 2007年平和・協同ジャーナリスト基金賞を受賞。2017年, その半生を描いたドキュメンタリー映画『抗い』(監督:西嶋真司, 制作・配給:グループ現代, 製作・著作:RKB毎日放送)が公開された。
『これが公害だ』(発行:北九州青年会議所, 本書初版),『八幡の公害』(朝日新聞社),『筑豊米騒動記』(亜紀書房),『清算されない昭和』(岩波書店),『女たちの証言』(文藝春秋),『松代地下大本営』(明石書店),『日露戦争秘話 杉野はいずこ』『台湾秘話 霧社の反乱・民衆側の証言』『実録証言 大刀洗さくら弾機事件』(以上新評論),『陸軍特攻・振武寮』(東方出版),『《写真記録》筑豊・軍艦島』(弦書房) など著書多数。

《写真記録》これが公害だ
北九州市「青空がほしい」運動の軌跡

2017年3月31日　　初版第1刷発行

著　者　林えいだい

発行者　武市一幸

発行所　株式会社 新評論

〒169-0051 東京都新宿区西早稲田3-16-28
http://www.shinhyoron.co.jp
電話 03(3202)7391
FAX 03(3202)5832
振替 00160-1-113487

落丁・乱丁本はお取り替えします。
定価はカバーに表示してあります。

印刷 フォレスト
製本 中永製本所
装訂 山田英春

ISBN978-4-7948-1064-9
Printed in Japan

好評既刊

林えいだい

日露戦争秘話　杉野はいずこ
英雄の生存説を追う

「軍神」廣瀬中佐とともに戦意高揚のため「英雄」に仕立て上げられた杉野孫七の実像を求め，西日本・旅順への大取材を敢行。

［四六並製　232 頁　1800 円　ISBN4-7948-0416-4］

小林義宜

阜新火力發電所の最後
一つの満州史　❖オンデマンド

敗戦直後の満州（中国東北部）の炭鉱街で，集団自決寸前まで追いつめられた日本人たちはいかに生き延びたか。

［四六並製　322 頁　3800 円　ISBN4-7948-9980-7］

伊東　壮

被爆の思想と運動
被爆者援護法のために　❖オンデマンド

大江健三郎氏評「本書は，原爆被害を根本にすえてかつて書かれたいかなる書物よりも秀れていよう」。広島被爆 30 周年出版。

［四六並製　372 頁　3200 円　ISBN4-7948-9982-3］

綿貫礼子編／鶴見和子・青木やよひ他著

廃炉に向けて
女性にとって原発とは何か　❖オンデマンド

チェルノブイリ直後，生理的に最も影響を受けやすい女性の立場から，6 名の女性執筆陣が「廃炉」＝原発廃絶を提言した問題作。

［A5 並製　362 頁　4600 円　ISBN4-7948-9936-1］

綿貫礼子編／吉田由布子＋二神淑子＋リュドミラ・サァキャン著

放射能汚染が未来世代に及ぼすもの
「科学」を問い，脱原発の思想を紡ぐ

女性の生殖健康と四半世紀にわたるチェルノブイリ長期健康研究を踏まえ，フクシマ後の生命と「世代間共生」を考える。

［四六並製　228 頁　1800 円　ISBN978-4-7948-0894-3］

《表示価格：消費税抜き本体価》